反习惯性违章培训教材

维修电工反习惯性违章

电工技术通工作室　编著

机 械 工 业 出 版 社

本书是“反习惯性违章培训教材”系列丛书中的一本，主要内容包括：概述、维修电工安全常识、维修电工反习惯性违章安全要求与禁忌、维修电工习惯性违章案例。

本书可供维修电工、安监科管理人员以及专门从事电力安全技术培训的职业院校师生阅读与使用。

图书在版编目（CIP）数据

维修电工反习惯性违章/电工技术通工作室编著. —北京：机械工业出版社，2011.1

反习惯性违章培训教材

ISBN 978-7-111-32726-4

Ⅰ.①维… Ⅱ.①电… Ⅲ.①电工－维修－技术培训－教材 Ⅳ.①TM07

中国版本图书馆 CIP 数据核字（2010）第 243941 号

机械工业出版社（北京市百万庄大街 22 号　邮政编码 100037）

策划编辑：陈玉芝　责任编辑：林运鑫　版式设计：霍永明

责任校对：陈立辉　封面设计：赵颖喆　责任印制：乔　宇

三河市国英印务有限公司印刷

2011 年 1 月第 1 版第 1 次印刷

169mm×239mm · 12.5 印张 · 241 千字

0001—3000 册

标准书号：ISBN 978-7-111-32726-4

定价：28.00 元

凡购本书，如有缺页、倒页、脱页，由本社发行部调换

电话服务	网络服务
社服务中心：(010) 88361066	门户网：http：//www.cmpbook.com
销 售 一 部：(010) 68326294	教材网：http：//www.cmpedu.com
销 售 二 部：(010) 88379649	
读者服务部：(010) 68993821	封面无防伪标均为盗版

前 言

据统计，由于习惯性违章而造成的伤害事故占整个电气事故的80%以上，因此，习惯性违章已经成为电气安全生产的大敌。那么什么是习惯性违章呢？就是指那些因固守不良习惯或贪图省力方便在操作或施工过程中故意违反安全规章制度的行为，它是诱发责任事故的土壤和温床。

大家可能都听说过一个小伙子学剃头的故事：从前有个年轻人拜师学习剃头的手艺，师傅把冬瓜当做人头，让他先在冬瓜上练习刮皮，这个年轻人很机灵，学得也快，不到一年的时间，就能很轻松地将冬瓜皮刮得干干净净，但是这个人有个习惯，刮完了冬瓜皮，就随手将剃头刀插到冬瓜上，师傅多次警告他，让他改掉这个习惯，年轻人总不在乎，每次刮完皮，还是随手将刀插到冬瓜上。有一天师傅不在，有个老伯来剃头，年轻人自告奋勇给老伯剃头。年轻人学着师傅的样子，拿起磨得豁亮的剃头刀，刷刷刷地给老伯理起了发，就在快要剃完的时候，师母突然在里屋喊道："徒儿，水开了，快来灌水！"年轻人一听，随手将豁亮的剃头刀剁了下去，只听"啊！"的一声惨叫，后果可想而知。

这个故事里的年轻人就是典型的习惯性违章者。从中看出一旦养成不良的习惯，其后果是多么的可怕！

很多电力工作者的习惯性违章，与这个年轻人的行为一样，都是长期沿袭下来的，这种违反安全工作规程的行为无论是盲目无知还是有意而为，都有一个共性，那就是——习以为常，这也是习惯性违章难以短时间根除的原因。

我们都知道，电气系统其实是一个完整的、连贯的、缺一不可的共同体，无论是从发电厂、变电站，还是到村口社区的配电室、家里的电器开关，不论哪一个环节出了故障，都会影响到电气设备的正常运行，因此建立一个安全可靠的供配用电系统，是保证国防科技进步、工农业发展、人们日常生活的基础；遏制各类不安全用电行为，防止各类电气事故的发生和杜绝各类习惯性违章操作，是保证电气设备及供配用电系统正常运行的基础；加强安全用电教育、普及安全用电知识、正确熟练地进行电气操作，是做好电力安全生产的基础。

以"人"为本是电气安全工作的核心内容，电力安全工作规程中要求每一位电力工作者都必须做到"三不伤害"，即"不伤害他人，不伤害自己，不被他人伤害"，要完全根治习惯性违章行为，除了要加强安全规程学习，强化安全监督之外，还要有个"心"的转变，也就是把"要我安全"的纪律转变成"我要安全"的思想，一切外在的约束都不及自身内心的改变来得更快更直接。

本书是“反习惯性违章培训教材”中的一本，分为四章，即概述、维修电工安全常识、维修电工反习惯性违章安全要求与禁忌、维修电工习惯性违章案例；附录是安全标示牌的图样及使用、反习惯性违章考核细则。本书内容好学易懂、案例剖析典型恰当、禁忌要求实用翔实，非常适用于维修电工、安监科管理人员以及专门从事电力安全技术培训的职业院校师生阅读与使用。

参与本书编写工作的有郎永强、马德明、郎丰坤、秦丽月，由于笔者自身水平有限，书中错误或不足之处在所难免，如有任何问题或建议，欢迎广大读者登录 http：//dgjsyjs. blog. 163. com（电工技术通工作室），敬请留言。

编著者

目 录

反习惯性违章要诀

编者按： 习惯性违章的危害是可怕的，它是事故发生的导火索。据电力安全部门的统计，70% ~80% 的人身伤亡事故是由习惯性违章造成的。为了帮助广大电力工作者更好地做好反习惯性违章工作，笔者特将习惯性违章的表现及纠正方法，用要诀的形式总结如下：

送电能，靠电工，为发展，贡献大，
安全第一是前提，杜绝违章记心间。
坏习惯，要改正，遵规程，勿蛮干，
保持警觉不放松，消除事故的隐患。
安全帽，作用大，入工区，要佩戴，
下颌带应收适当，不可当做板凳坐。
工作票，认真填，勿涂改，勿删变，
工作范围严规定，擅自旷工有危险。
登杆前，对杆号，工作服，整齐穿，
长发辫子应盘起，勿穿裙子高跟鞋。
围栏杆，勿翻越，单巡线，勿登杆，
起重机下勿逗留，不能提前拆地线。
上梯子，应防滑，安全带，应系牢，
监护人要负责任，玩忽职守定严办。
挖杆坑，防塌方，掏挖法，有危险，
坑底排水要做到，铲钎镐锤排固岩。
雷雨天，勿操作，避雷线，勿近前，
必须穿用绝缘靴，还有监护在身边。
高温件，要注意，戴手套，穿护服，

没有合格防护具，不能操作规定严。
接地线，勿绕缠，按规程，紧固严，
室外装有高压物，四周一定设围栏。
停送电，勿约时，工作间，勿饮酒，
使用过期安全具，容易触电太危险。
工作完，细查检，器物具，勿忘遗，
进出高压配电室，随手关门好习惯。
操配电，要预演，接命令，应复诵，
唱票制度很重要，每次操作要做到。
钢卷尺，会导电，测量时，勿带电，
上下传物用绳索，抛上抛下很危险。
新立杆，基夯固，立撤杆，专人管，
信号统一好指挥，一点二倍闲人站。
砍树木，有防护，脆枯枝，勿登攀，
妙用绳索控方向，严防虫蛇把人伤。

第一章 概述

一、习惯性违章的概念和特点

所谓习惯性违章就是指那些因固守不良习惯或贪图省力方便在操作或施工过程中故意违反安全规章制度的行为，它是诱发责任事故的土壤和温床。

我们说的违章就是指违反安全管理制度、规范、章程等所从事的活动。而在日常的生产管理中习惯性违章更是一种长期沿袭下来的违章行为，它实际上是一种违反安全生产工作客观规律的盲目的行为方式，或没有意识、或随心所欲，但都习以为常。总之，习惯性违章是安全生产的大敌，其表现形式多种多样，大体有如下几点：

（1）顽固性　由于习惯性违章行为是在日常不知不觉中养成的，具有一定的心理定式，就像条件反射一样，一遇到相同的操作，立即做出错误的习惯性违章行为，因而具有顽固性的特点。只要支配习惯性违章行为的心理定式不改变，习惯性操作方式不纠正，这种习惯性违章行为就会顽固地重复发生，甚至直到行为者出了事故吃了亏，才会有所改变。比如有的电工在工作间隙，习惯于把安全帽当小板凳坐在地上休息；还有的值班人员为了图省事私自移开或越过围栏进行操作等。

（2）侥幸性　可能有时候习惯性违章行为导致事故发生的概率极小，比如停电后要再验电，而有的电工几年甚至十几年来都是停电后，立即进行相关的电气操作，从来没有验过电，当然也没有触过电，因此便产生一种错误的理解，即认为有些习惯性违章操作是不会发生事故的，这种错觉增强了人们的侥幸心理。因此，即便是主管安全的领导指出了某些电工的习惯性违章行为，也由于这种侥幸心理的影响，还会在条件适当的情况下进行违章操作。

（3）潜在性　这个特点就像前言中讲的那个学习剃头的年轻人一样，往往不是行为者有意识所为，而是行为习惯使然。行为者尽管在作业前采取了周密的安全措施，但是由于在长期实践中形成的不良习惯发生了作用，无意识地违反安全防范措施，因此出现误操作或误作业，导致事故的出现。

（4）传染性 根据对一些电工习惯性违章行为的分析发现，一些不良习惯，不是他们自己“发明”的，而是从师傅那里“学”来的，看到老职工或师傅违章操作或作业，既省力，又没出事，自己也盲目效仿。正是这些老职工懂得工作中的“省力窍门”，而又没出事故，才导致习惯性违章行为被继承了下来。比如登杆悬挂接地线，按照规定应该戴绝缘手套，而有的师傅们觉得戴绝缘手套又麻烦又费劲，所以总是告诉年轻的徒弟们，直接将接地线别在安全腰带上，登杆挂好就行。还有的领导者甚至监护人，为了赶工期，教给一些年轻电工，采用“又好又快”的习惯性违章操作进行作业，比如撤线时是严禁采用直接剪断导线的方法进行操作的，而有的领导者甚至就直接站在电杆下，指挥着登在电杆上的年轻电工用直接剪断导线的方法撤线，应该怎么剪，剪断哪里比较省力，说的有鼻子有眼，头头是道。这种传染性也是彻底铲除习惯性违章行为的绊脚石。

二、习惯性违章的危害及原因

习惯性违章的危害是可怕的，是导致事故发生的导火索。根据电力安全部门的统计，70%～80%的人身伤亡事故是由习惯性违章造成的。

我们可以看到，习惯性违章行为比偶然性违章行为造成事故的机会更多，概率更高，因而危害也就更大。偶然性违章行为只发生在单个个体身上，或个别时段的个别程序上，其原因大多为缺乏安全技术知识或是一时的疏忽，只要加强安全技术培训和实施有效的监护，基本上可以控制此类行为的出现。

但是习惯性违章则不然，行为者往往熟知安全规定或规程，清楚其做法可能产生的危害，属于有章不循，明知故犯，常常仗着“艺高人胆大”，按自己认可的方式作业。而真正可怕的是一旦人们对这种违章行为见得多了，习以为常了，就很难把它当回事，渐渐地失去了警惕性，久而久之，影响面会很大，危害性也就很大，纠正起来也就十分困难。

1. 习惯性违章的危害

1）习惯性违章是有章不循，明知故犯的行为，严重地妨碍了安全规程的贯彻与执行。习惯性违章的人员，不一定不熟知安全规程，也不一定不知道其做法的危害性，但是在实际工作中，往往有所谓的“成功经验”作为说服自己的理由，对潜在的安全隐患缺少必要的警惕，按照自己认为可行的不良习惯操作。这种危害是先对行为者进行心理麻痹，然后再对其进行人身迫害。

2）习惯性违章有很强的继承性传染性，它会危害很多人。习惯性违章是多次出现的违章行为，特别是领导和老师傅的习惯性违章行为，将会对新工人造成潜移默化的影响。新工人看老师傅、领导都这么做，既省事又没事，也跟着学。

所以，它的影响面宽、时间长久、危害大，将事故的隐患堂而皇之地埋了下来。

3）习惯性违章容易使人对事故失去警惕性，有点像用糖衣包裹的慢性毒药。因为习惯性违章操作往往会给人一种既省力快捷又不会出事的假象，麻痹人的思想，久而久之，习以为常，使人们失去对事故的警惕性。

4）习惯性违章是造成事故的一大引线。我们不妨设想一下，如果操作票不经过审核和模拟操作就拿到现场执行是否会发生恶性误操作事故？如果现场设备运行状态改变而安全措施又没有及时变更、又没有交代给现场所有作业人员是否会造成人身触电事故？习惯性违章，既有害于国家和企业，也有害于职工个人和家庭。因此，我们应该毫不留情地采取措施将习惯性违章行为彻底杜绝。

2. 习惯性违章屡禁不止的原因

1）嫌麻烦、图省事，存在侥幸心理和经验主义促使其一而再、再而三地发生习惯性违章行为。首先由于一些电力工作负责人，自己思想认识不够，平时不注重学习，思想麻痹大意，规章制度不严格执行到位，自身要求也不严格，甚至带头违章违纪，人为地制造了种种事故隐患，使安全工作陷入混乱和困境。另外，一部分电工迷信经验主义，认为自己技术高、经验丰富，在生产现场操作不是凭借操作规程而是靠想当然的所谓“经验”，把电力安全生产各种规程规范抛到九霄云外，甚至以一时违章行为未造成安全事故的事实为由，产生种种侥幸心理，从而有章不循，盲目操作，最终酿成恶果。

2）监管懈怠，以罚代管，临时行为成为阻碍。主管安全的领导难以持之以恒地狠抓安全工作不放，甚至与实际日常工作相脱节。众所周知，安全工作必须贯穿在电力生产每一个操作环节和工作细节中，认真对待涉及的每一个人、每一台设备、每一条线路和每一个计量表，一定要养成时时、事事、人人、处处讲安全、抓安全的好风气，无论何时何地都应按照规程进行操作。

作为主管安全的领导不能仅凭主观想象，在安全生产的指挥上必须要遵章守纪。不能以为把安全口号和规章制度贴到了墙上，写到了纸上就万事大吉了。这种雨过地皮湿的工作方法是难以收到实效的。另外，仅仅以罚代管，对安全活动、电气事故缺乏认真的事前、事后分析，缺乏与自身的工作实际相联系的意识和作风，是不能完全杜绝习惯性违章的。

3）不重视安全预防教育。在实际工作中，有一部分职工很片面地认为：抓安全只是领导的事，对与己无关的事总是采取明哲保身的方式，缺乏精诚团结的协作精神。我们必须认识到，安全生产绝不是某一个领导或某一个部门的事，它关系到每一个电力职工的切身利益，应该做到“安全重担人人挑、人人肩上有指标”，真正实现“安全生产，人人有责”，这样才能把安全生产工作做好。

另外，在日常工作中，有一部分负责人，只注重预防大事故，放松了对一般性事故的预防和警惕，造成对职工的安全教育不到位，导致一部分职工不学习安全规程、不按照规程操作，对一些小事故根本不在乎，但是正所谓“千里之堤，溃于蚁穴”，往往最后积小成大，导致大事故的发生，我们应该知道“安全无小事”，坚决不能抱着“小事故能为之”的错误思想，在抓安全工作上必须从小事着手，从大事着眼，从事故隐患抓起，才是预防和避免事故发生的制胜法宝。

4）安全监管不到位。俗话说：“严是爱，松是害，不闻不问误同伴。”依章办事，按章处理，严格执行电力行业的各种规程规范，不仅是搞好电力安全工作的保证，而且是对电力企业、对同事、对职工的一种关爱的体现。在安全管理上，部分负责人还存在管理不严、怕得罪人、碍于情面或关系，对发生的事故不教育、不总结、不分析、不处理，对事故隐患不采取措施制止，一味地姑息迁就，最终酿成悲剧。

作为安全生产管理和安监人员要从严执行制度，要对习惯性违章行为敢抓敢管。在处理习惯性违章现象时，要对其行为在安全简报上进行通报批评，从重处理。要使工作人员具有“违章就害己”的认识，使习惯性违章现象不至于蔓延。

三、习惯性违章的表现形式及纠正措施

违章镜头 1 进入施工现场不戴安全帽或不正确佩戴安全帽。

改正方法：应对违章者说明施工现场和设备区存在着诸多危险因素，如物体坠落等，因此，必须加强对头部的防护，正确戴好安全帽，使其真正起到安全防护作用。所以在进入施工现场和设备区之前，应严格检查职工安全帽的佩戴情况。发现没有正确佩戴的，应及时纠正；如有未戴安全帽的，切记不允许进入，并视情节给予批评教育。安全帽及其结构如图 1-1 所示。

违章镜头 2 在杆塔上作业时，将安全帽倒挂在杆塔横担上，当工具包使用。

改正方法：应立即制止这种违章操作行为，安全帽必须按要求正确佩戴。

违章镜头 3 把安全帽当作小板凳坐。

改正方法：必须立即制止，安全帽必须按要求正确佩戴。

违章镜头 4 单人巡线时，擅自登杆塔检查。

改正方法：必须立即制止这种违章操作行为，单人巡线时在没有监护人的情况下是严禁擅自登杆的，一旦发生触电事故，很难进行及时救援。

违章镜头 5 工作期间不按规定穿工作服，比如衣服和袖口不系扣，穿着化纤、涤纶布料衣服，女职工穿裙子、高跟鞋，辫子或长发不盘在工作帽内等。

改正方法：应对违章者说明，不按规定着装，衣服或肢体有可能被转动的机器绞住受伤；若穿着化纤、涤纶衣料，当发生烧伤时将使烧伤程度加重；穿裙子容易被它物所挂、下肢裸露易受伤；穿高跟鞋行走不便或者被绊倒；辫子、长发

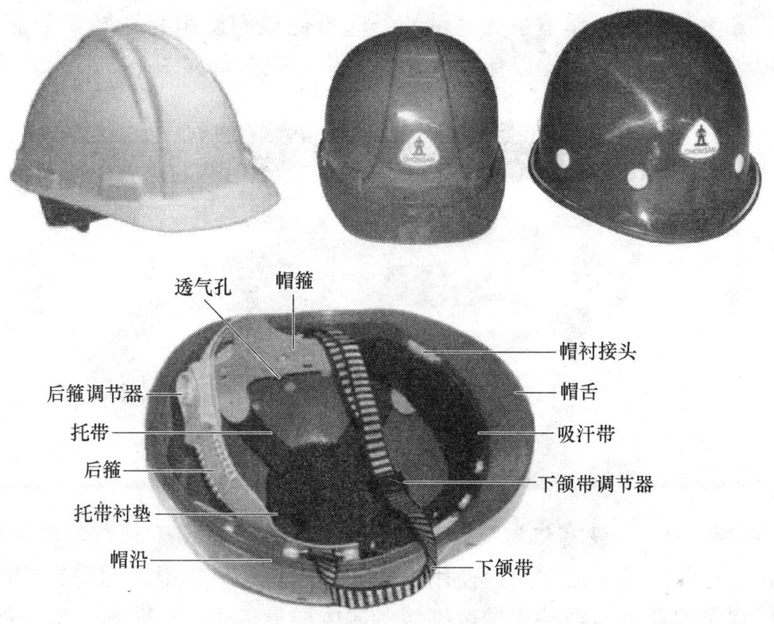

图1-1 安全帽及其结构

外露易被机器绞住或它物挂住受伤等。在作业时，班组长应对着装情况进行检查，不按规定着装者不准上岗作业。

违章镜头6 在有可能下落的设备下面工作，比如在起重抓斗、吊物下面工作等。

改正方法：在有可能突然下落的设备下工作时，很有可能被下落的物体砸伤或被吊物碰伤。因此工作时应离开危险区域，在安全环境下工作。如果必须在有可能突然下落的设备下面工作时，应事先做好防范措施。

违章镜头7 不核对线路名称或杆号就直接登杆。

改正方法：应对违章者说明，在登杆工作前，一定要核对线路名称和杆号，以防止发生误登带电杆塔而发生严重触电事故。

违章镜头8 误登带电设备或杆塔。

改正方法：停电作业时，应对作业现场进行认真检查，核对线路（设备）名称、杆号（设备编号）及色标，确实辨明作业地点及设备后方可作业。监护人应加强监护，防止作业人员误登带电线路或带电设备造成触电事故。

违章镜头9 不使用安全带就站在梯子上工作。

改正方法：应对违章者说明，站在梯子上工作时使用安全带的必要性，不要以为只要站得稳就不会出事，因为在工作中会有意想不到的情况发生而造成坠落事故。所以不但要使用安全带，而且要会正确使用，要将安全带的一端拴在高处牢固的地方。对上梯工作不系安全带的，应督促他们使用和系好安全带。同时，使用的梯子要有防滑措施，以免发生摔伤事故。安全带如图 1-2 所示。

图 1-2　安全带

违章镜头 10　在没有任何提示标识的情况下，就将梯子放在门前使用。

改正方法：将梯子放在门前使用时，如果没有明显的提示标识，一旦门被突然推开，梯子很有可能会被连带着推倒，造成梯上工作人员坠落，发生严重的摔伤事故。注重采用防止门被突然推开或指定专人看守的措施。

违章镜头 11　在变电站上构架爬梯时，不注意逐档检查。

改正方法：要知道爬梯虽然是稳固性构件，但是随着时间和环境变化及其他意外原因，有可能发生锈蚀、损坏等缺陷和隐患，而不被人们所发现。因而上下爬梯时，不但要逐档检查爬梯是否牢固，而且还应两手各抓一个梯阶，以免发生坠落事故。

违章镜头 12　不系安全带就在电杆上工作。

改正方法：安全带是高空作业时防坠落的安全技术措施，因不系安全带而造成坠落伤害的事例很多，要用具体事例教育职工，增强自我保护意识，严格执行保证人身安全的措施。如不系安全带登杆，监护人要及时提醒，并不准上杆。

违章镜头 13　将安全带系挂在不牢固的物件上。

改正方法：要向违章者说明如果把安全带系挂在不牢固的物件上，安全带就起不到保护作用。选择悬挂安全带的物件，必须牢固可靠。自己和一起工作的人员要互相监护，认真检查，发现安全带悬挂不牢固时，要及时纠正并督促其摘下，重新选择牢固可靠的物件。

违章镜头 14　安全带弹簧卡扣误扣在衣服上。

改正方法：应向违章者说明，弹簧卡扣误扣存在的危险性。安全带弹簧卡扣必须扣在卡扣里，否则安全带就起不到保险作用，要教育职工无论干什么工作都要细心，不可马虎。系完安全带后，一定要仔细检查，看是否扣好，是否处于安全可靠的状态。

违章镜头 15 不检查登杆工具就登杆。

改正方法：登杆前不检查登杆工具，如果登杆工具有问题将会在登杆过程中或登杆作业中发生意想不到的事故，如高处坠落或失去稳定导致触电等。因此，登杆前必须对脚扣、踏板、安全带等进行认真检查，确定无问题后方可使用。

违章镜头 16 杆上作业未按规定穿绝缘鞋。

改正方法：要向职工讲清楚穿皮鞋、拖鞋登杆作业的危险性。要求杆上作业必须按规定穿绝缘鞋，严禁穿皮鞋、拖鞋进行登杆作业。图 1-3 所示为电工绝缘鞋。

图 1-3 电工绝缘鞋

违章镜头 17 不使用安全带就登杆抄表。

改正方法：对违章者说明杆上抄表不系安全带的危险性，要求登杆抄表作业时必须系好安全带，防止发生触电及高处坠落事故。

违章镜头 18 抄表时未验电就接触计量设备。

改正方法：抄表前未验电就接触计量设备有可能发生触电事故。因此，抄表时，接触计量设备前必须先用合格的、相应电压等级的验电器进行验电，经验明确无电压后方可接触计量设备。

违章镜头 19 现场工作监护人、负责人不到位，监护人或负责人离开现场时，既不通知班组工作成员，也不指定能够胜任的人员代替。

改正方法：应该教育工作监护人或负责人，必须严格按照安全工作规程的要求履行职责，当确实有事必须离开工作现场时，应通知全体工作人员并让能够胜任的人临时代替。

违章镜头 20 采用掏挖的方法挖杆坑。

改正方法：应向违章者说明采用掏挖的做法，会造成土石坍塌，使人员受到伤害。因此，必须采用自上而下的方法挖掘，并要采取防止坍塌的措施，防止塌方伤人。发现有掏挖的做法，要立即纠正。

违章镜头 21 安全措施不到位工作负责人就安排工作班成员参加工作。

改正方法：要向工作负责人讲清楚自己工作的主要职责是指挥和监护全班人员在安全状态下工作。只有在全部停电或在部分停电时，以及安全措施可靠、人员集中在一个工作地点且不致误碰导电部分的情况下，才能参加工作。如有发现，应进行批评教育，责令立即纠正。

违章镜头 22 工作监护人干预监护无关的工作。

改正方法：应该教育工作监护人增强责任感，要集中精力搞好监护工作，要对被监护人工作的全过程进行监护，绝不能擅离职守。工作负责人不应给监护人分配其他工作，确保监护人专心监护。

违章镜头 23 工作负责人不到位或中途离开工作现场。

改正方法：工作负责人是本项工作的组织者和工作指挥人。因此，工作负责人必须始终在工作现场，更不能不到工作现场。如需中途离开，必须指定临时工作负责人，并设法通知工作班所有成员和工作许可人后方可离开。如发现上述违章，应对工作负责人进行批评教育。

违章镜头 24 对工作现场未进行勘察就开工。

改正方法：要使班组长和工作负责人清楚工作前提前对工作现场勘察的重要性，它是根据工作现场实际，制订切实可行的“三措”的依据。因此，要求工作前应对工作现场认真勘察。

违章镜头 25 工作班成员还未撤离工作现场，工作负责人已在办理工作终结手续。

改正方法：在工作班成员未撤离工作现场的情况下工作负责人就去办理工作终结手续是完全错误的，也是绝对不允许的，必须杜绝。工作负责人只有在工作班成员全部撤离工作现场的情况下才能办理工作终结手续。如有发生，立即阻止，并进行批评教育或给予严厉处罚。

违章镜头 26 上下基坑时攀登水平支撑或撑杆。

改正方法：应向违章者说明，基坑里架设的水平支撑或撑杆是起支撑作用的物件，存在一定的危险性。这样做，很容易破坏水平支撑和撑杆的稳定性，造成土石失去支撑而坍塌伤人，酿成事故。如发现有人攀登支撑或撑杆时，应立即制止。

违章镜头 27 还未等所有的工作人员从杆上撤下来，就去拆除接地线。

改正方法：必须立即制止这种违章操作行为，只有等全部工作人员从电杆上撤下，并确认确实无人后，才能拆除接地线。

违章镜头 28 用缠绕的方法装设接地线。

改正方法：应向违章者说明，用缠绕的方法装设接地线是严重违反安全规程规定的做法。这样容易使接地线接触电阻增大，失去保护作用，导致触电事故。装设接地线要采用专门的线夹，把接地线紧固在导体上。如发现有用缠绕的方法挂接地线，应立即纠正，并对责任者进行批评教育。

违章镜头 29 高、低压停电工作，挂接地线前不验电。

改正方法：要教育违章者挂接地线前不验电，如果电未真正停下来，就很有可能发生额定短路事故。因此一定要按《电气安全工作规程》（简称《安规》）的规定在悬挂接地线前必须验电，并且用合格的、相应电压等级的验电器进行验电。对不验电就挂接地线者，应给予批评教育，并责令立即纠正。

违章镜头 30 将接地线背在肩上或别在安全腰带上登杆塔。

改正方法：要向违章者讲清楚将接地线背在肩上或别在安全带上登杆塔的危害。它一方面影响登杆，还可能会导致接地线高处坠落，砸伤监护人；另一方面有可能使接地线滑脱，下落伤人。要求接地线必须用合格的绳索传递，严禁将接地线背在肩上或别在安全腰带上登杆塔，如有发现应批评教育并及时纠正。

违章镜头 31 挂接地线时，接地线与人体接触。

改正方法：要向违章者说明挂地线时接地线不能与人体接触的道理。接地线实质上是引流线，如果所挂导线上有电，就会有强大的电流沿着接地线流过，接地线与人体接触必然导致触电事故发生。如有发现，立即制止，并批评教育。图1-4 所示为接地线。

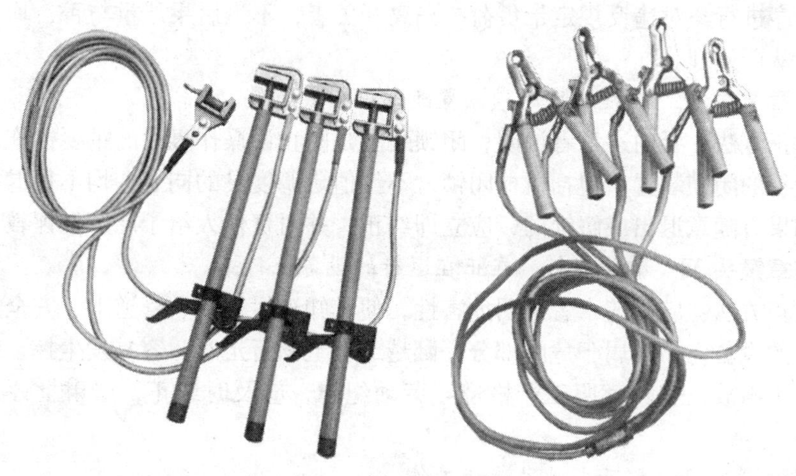

图 1-4 接地线

违章镜头 32 挂接地线前对接地线及各接地螺钉不检查。

改正方法：要向违章者说明使用不合格的接地线将会造成的危险后果。要求使用的接地线必须符合《安规》中规定的要求，使用前要检查接地线有无破股、断股现象。要检查各连接螺钉有无松动，如发现有松动，必须拧紧。

违章镜头 33 装设接地线时，接地极插入地面深度不够 0.6m。

改正方法：要向违章者说明接地极的作用。如果接地极插入深度不够，接地电阻就会很大，使接地电流不能良好地导入大地，起不到保护作用。因此，必须按照《安规》要求，接地极插入地面深度不得小于0.6m。同时对插入点也要有所选择，不能插入干燥的、电阻大的土壤中。

违章镜头34 接地线放错位置，不能对号入座。

改正方法：为了加强对接地线的管理，要求接地线和放置接地线的位置都必须编号，并且要对号入座，这样方可有效地防止在使用接地线时错拿或工作结束后漏拆接地线而导致恶性事故的发生。因此，接地线必须对号入座，不能放错位置。发现有放错位置者，应立即纠正，并教育职工增强工作责任心，不再发生类似事件。

违章镜头35 不带护目镜就带电断接线路。

改正方法：带电断接引线必须按规定正确佩戴护目镜，而且还应配套使用其他安全用具。

违章镜头36 带负荷拉隔离开关。

改正方法：要向违章者说明带负荷拉隔离开关将会引起的严重危害性。它不仅妨碍设备的正常运行，而且会导致恶性误操作事故，损坏设备、影响供电，同时也可能发生人身触电等事故。要求停电倒闸操作必须严格执行操作票制度，按规定程序进行。对违反规定带负荷拉隔离开关者，不论后果严重与否，均应批评教育，从严处理。

违章镜头37 对投运的闭锁装置随意退出或解锁。

改正方法：要向违章者说明，闭锁装置是防止误操作事故的重要措施。所有投入运行的闭锁装置，包括机械闭锁，不经值班调度员的同意，均不得退出或解锁。如果有随意退出或解锁的，应立即纠正，并对责任人给予严厉批评教育。

违章镜头38 翻越栏杆，在正在运行的设备上行走。

改正方法：应向违章者说明危害性，使其知道栏杆上、管道上、安全罩上或运行中的设备上，都属于危险部分，翻越或在上面行走时，容易发生摔、跌及触电等伤害事故，应教育职工严格遵守劳动纪律，应及时纠正，严肃批评，不得再犯。

违章镜头39 移开或越过遮栏工作。

改正方法：不论高压设备带电与否，值班人员或工作人员都不得移开或越过遮栏工作，否则，如果设备突然来电，就会发生触电事故。如果需要移开遮栏工作时，必须与带电设备保持足够的安全距离，并且要有人在现场监护。

违章镜头40 在室外地面高压设备上工作时，四周不设围栏。

改正方法：在室外地面高压设备上工作时，四周应立即设置围栏，并悬挂足够数量的“止步！高压危险！”的标识牌。对不设围栏的，应予以批评教育或处罚。如图1-5所示为室外高压设备四周一定要装设防护围栏。

图 1-5 室外高压设备四周一定要装设防护围栏

违章镜头 41 停电后，对停电设备不挂标识牌。

改正方法：设备停电后，因各种因素都可能随时发生突然送电的危险。因此，停电后，所停设备必须悬挂“线路有人工作，禁止合闸”的标识牌。

违章镜头 42 约时停送电。

改正方法：应向违章者说明约时停送电是十分危险的。如果到了停电的时间停不了电，或者到了送电时间作业未结束还在进行，就会发生触电事故。因此，严禁约时停送电。如有发现，应立即纠正，并给予责任者加重处罚。

违章镜头 43 不戴防护手套、不穿专用防护服就接触高温物体。

改正方法：接触高温物体时，如果不戴防护手套、不穿专用防护工作服，可能被烫伤。作业前应进行认真检查，对接触高温物体，不戴防护手套、不穿专用防护工作服者，不准上岗。

违章镜头 44 擅自扩大工作票上规定的工作范围，或者擅自填写涂改工作票上的工作范围。

改正方法：应立即制止这种严重的违章操作行为，必须严格按照工作票上的规定进行工作，擅自扩大工作范围，很容易导致触电或严重的电气事故。

违章镜头 45 不带工作票或弃票作业。

改正方法：工作票是电气作业的行动指南，同时也是确保安全的重要措施。在作业开始前，工作负责人应向工作班成员宣读工作票及安全措施，并按工作票的要求进行作业。工作票应始终带在工作负责人身边，对不带工作票即展开工作的，工作人员有权拒绝作业，并对工作负责人给予相应的处罚。

违章镜头 46 不宣读工作票就开工。

改正方法：要向违章者说明宣读工作票的必要性和重要性。宣读工作票是为了让所有参加工作的人员明确本项工作的任务及保证安全的组织措施、技术措施以及注意安全的重要部位、环节，确保作业的顺利完成。开工前不宣读工作票，工作班成员有权拒绝工作。

违章镜头 47 工作票填写存在严重错误，比如指派工作负责人不当、安全措施不齐全、带电部位未交代或交代不清楚等。

改正方法：要向违章者说明工作票填写存在错误的严重后果。要求工作票签发人对工作负责人的审查要严格，看其是否能胜任本项工作。对工作票的填写内容要认真审核，安全措施必须齐全，带电部位必须清楚，不能出现漏项、错误等。如发现工作票填写不合格，接收人员和工作许可人有权拒绝接收，令其重新办理。

违章镜头 48 不办理工作票就进行停运配电变压器的操作。

改正方法：要向违章者说明工作票是进行电气工作的书面命令，要克服因工作简单而造成的麻痹心理，自以为单台配电变压器停电无所谓，而往往会“小河沟翻船”酿成事故。因此，要求职工严格执行两票工作制，即使单台配电变压器停电也必须填写“两票”，并按“两票”进行逐项操作。

违章镜头 49 工作人员未在工作票上签名或工作结束后补签。

改正方法：工作人员在工作票上签名是为了让全体工作班成员知道本次工作的全部内容，包括任务、地点、设备以及各种安全措施，以便更好地执行。同时也是为了明确各自的责任而采取的组织措施。因此，工作人员开工前必须在工作票上签名。如不签名，一经发现应给予批评教育，令其改正。

违章镜头 50 工作票所列人员与现场实际参加工作的人员不符。

改正方法：工作票所列工作人员是根据工作任务和工作内容需要由工作负责人和工作票签发人审定的，如果需要临时变更必须通过工作负责人同意，并在工作票备注栏中加以标注。如有发现现场工作人员与工作票所列人员不符应查明原因，予以纠正。

违章镜头 51 雷雨天气不穿绝缘靴就去巡视室外高压设备。

改正方法：雷雨天气不穿绝缘靴巡视室外高压设备是十分危险的，有产生跨步电压或被雷电击伤的可能。同时在巡视中不得靠近避雷针和避雷器。对雷雨天气巡视时未穿绝缘靴的，应立即劝阻，让其穿上绝缘靴。不穿绝缘靴者不能进行雷雨天室外高压设备的巡视工作，并要进行批评教育。

违章镜头 52 下雨天不用带有防雨罩的绝缘杆操作电气设备。

改正方法：要向违章者说明带防雨罩绝缘杆的作用以及雨天不用带防雨罩绝缘杆操作的危险。雨天操作室外高压设备时，必须用带有防雨罩的绝缘杆进行操作，并且必须穿绝缘靴。否则，一经发现，应立即制止，并批评教育。

违章镜头 53 工作期间饮酒或酒后从事电力生产工作。

改正方法：加强劳动纪律教育，讲清酒后从事电力生产工作的危害性，严禁工作期间饮酒或酒后从事电力生产工作。

违章镜头 54　使用超过试验周期的安全工器具。

改正方法：使用超过试验周期的安全工器具，一旦安全工器具达不到规定要求，极易造成触电等恶性事故。应加强对安全工器具的日常管理，做到心中有数；按照安全工器具的试验周期定期进行试验，以确保不使用超过试验周期的工器具进行作业和操作。

违章镜头 55　全部工作结束后，将物件遗留在设备上。

改正方法：向违章者说明将物件遗留在设备上将会造成的后果及严重性。要提醒工作负责人和工作人员在全部工作结束后，必须对工作现场的所有设备进行全面检查，防止将材料、工具及杂物遗留在设备上酿成事故。

违章镜头 56　检修人员操作运行设备。

改正方法：要向违章者说明检修人员操作运行设备的危害性。由于检修人员对运行设备的状况不熟悉，操作时容易发生意外或事故，所以不允许检修人员操作运行设备。另外，也不允许其他人员操作运行设备，也是加强运行设备管理的需要，使运行设备始终处于管理人员的可控、在控之中。

违章镜头 57　检查、擦拭或润滑运行中的机器转动部位。

改正方法：要向违章者说明在机器转动时检查、擦拭或润滑转动部位的危险性。可以用具体的事故案例进行教育，使其吸取教训。对违章操作者要严肃批评，及时纠正。

违章镜头 58　高处作业不使用工具袋，上下取物不用绳索，随意上下抛物。

改正方法：要向违章者说明不要图省事，怕麻烦。不使用工具袋，工具随便放置，容易造成坠物伤人。用上下抛、丢的方法传递物件容易把人砸伤。对在高处作业不使用工具袋或不使用绳索取物者，应给予严厉批评教育，并责令写检查。

违章镜头 59　进入高压室不随手关门。

改正方法：进入高压室巡视或操作设备时不注意关门，容易使无关人员和小动物进入。这样不仅妨碍工作，而且会使小动物溜入高压室，有可能引起短路事故。所以进入高压室一定要将门锁好。如果发现不注意锁门的，应立即纠正并给予批评教育。

违章镜头 60　在带电设备周围使用钢卷尺进行测量工作。

改正方法：在带电设备周围使用钢卷尺进行测量时，一旦与带电设备接触，测量人员就会发生触电事故。所以必须使用绝缘尺子。如发现使用钢卷尺等导体类的量具进行测量时，应立即制止，并讲清楚为什么不能使用的道理。

违章镜头 61　作业中随意从高处跳下。

改正方法：应向违章者说明随意从高处跳下存在的危险性。发生从高处跳下造成的伤害事故不少，可以用具体事例对职工进行教育。高处作业，严禁从高处往下跳，防止发生意外事故。

违章镜头62 在变压器台架上作业，未拉开二次跌开式熔断器，未将停电的高压引线接地。

改正方法：要向违章者说明必须严格执行《安规》的规定。在变压器台上作业，不论线路是否停电，都必须先拉开低压跌开式熔断器，后拉开高压丝具，并在停电的高压引线及低压侧均装设接地线，防止两侧发生突然来电而造成触电事故。

违章镜头63 指挥未经培训的临时工从事电业生产工作。

改正方法：凡使用的临时工都必须经过安全培训，并经过《安规》考试合格后，方能从事电业生产工作。对未经培训就指挥临时工从事电业生产工作的，应追究部门领导及责任人的责任。

违章镜头64 施工、检修工作不召开班前、班后会。

改正方法：要向违章者说明施工、检修工作中召开班前、班后会的重要性。班组长或工作负责人施工、检修工作前召开全体工作人员参加的班前会，是为了安排与部署工作，共同分析研究所做的安全措施是否齐全完善，向工作成员进行工作交底和交代安全注意事项。工作结束后利用班后会，对当天的工作进行总结，提出工作中存在的问题，制定整改措施。不召开班前、班后会，其主要责任在班组长及工作负责人，工作班成员也应提醒和监督执行。

违章镜头65 线路停电、验电时不戴绝缘手套。

改正方法：要向违章者说明线路停电、验电时戴绝缘手套的必要性和重要性。要求线路停电、验电时必须按照安规要求戴绝缘手套进行操作。如果发现线路停电、验电时不戴绝缘手套者，应追究当事人的责任。图1-6所示为绝缘手套及其使用。

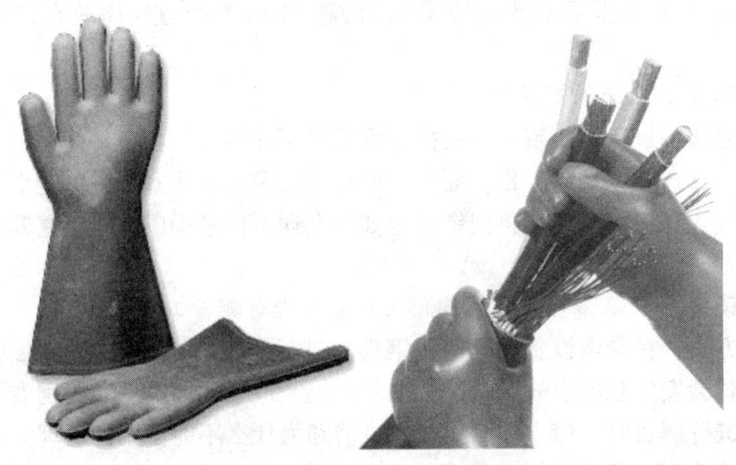

图1-6 绝缘手套及其使用

违章镜头66 未采取防倾倒措施就登杆作业。

改正方法：要向违章者说明不采取防倾倒措施即登杆作业的危害性。登杆前，必须认真检查杆根，看其是否有锈蚀、破损或不稳固，如发现有上述情况，应采取防倾倒的安全措施后，方可登杆作业。

违章镜头67 新立电杆未夯实牢固便登杆作业。

改正方法：要向违章者说明新立电杆未夯实牢固便登杆作业的危险性。新立电杆埋设深度应符合规程规定要求，杆根要用素土夯实，严禁新立电杆未牢固前攀登。否则，一经发现，应立即制止。

违章镜头68 不对易燃易爆物品隔离就从事电弧焊作业。

改正方法：必须向违章者说明，在从事电、火焊作业时，焊花飞溅，很容易将易燃易爆物品点燃，引起火灾甚至爆炸，应该对施工现场的易燃易爆物品采取可靠的隔离措施后，才能从事电弧焊作业。

违章镜头69 单人进行杆上抄表工作。

改正方法：要向违章者说明杆上抄表的危险性，容易发生高空坠落和触电的危险。因此，在杆上抄电表必须由两人进行，一人登杆抄表，一人地面监护，禁止单人登杆抄表。

违章镜头70 私自停运漏电保护器。

改正方法：必须严厉制止私自停运漏电保护器的行为，有的电工在潮湿的雨季为了不总去配电室送电，就私自停运漏电保护器，这是十分危险的，必须立即制止并进行批评教育。

违章镜头71 个人安全用具未按规定进行检查。

改正方法：教育每个职工个人安全用具经常检查的必要性和重要性。要求个人安全用具除按规定每月最少进行一次外观和性能检查外，每次工作前也应进行检查，严禁使用不合格的安全工具。

违章镜头72 工作时个人工具携带不全。

改正方法：工作时个人安全工具携带不全不但影响正常工作的进行，同时也会给安全带来一定危害。要求每个工作人员出工前，应根据工作任务和内容需要携带齐全个人工具。如有在工作中个人工具携带不齐全者要提出严厉批评，使其不再重犯。

违章镜头73 使用有缺陷的电动工器具进行作业。

改正方法：必须向违章者说明，在使用电动工具作业前，应认真检查电动工器具，该维修的维修，该更换的更换，不能将就着使用有缺陷的电动工器具。

违章镜头74 工作票未经许可，工作人员就提前进入施工现场工作或做准备工作。

改正方法：要向违章者说明工作票未经许可，工作人员就进入工作现场的危害性。要求工作票在未经许可前，工作人员严禁进入工作现场从事一切工作。如有发生应立即制止，令其退出，并予以批评教育。

违章镜头 75 在带电的二次回路上工作不使用绝缘工具。

改正方法：在二次回路上工作不使用绝缘工具，极易发生误碰现象，引起二次回路短路，引发设备跳闸等电气事故或人员触电事故。因此，要求在带电的二次回路上工作时，必须使用绝缘工具。工作人员要增强安全责任心和自我保护意识，防止类似现象发生。同时，对于违反者给予批评教育，对酿成后果者加重处罚。

违章镜头 76 使用有缺陷的大锤、钎子、镐等工具作业。

改正方法：必须向违章者说明，工器具有缺陷，不但妨碍作业，而且容易诱发各种受伤事故。比如大锤不合格，锤面歪斜，就容易击偏，击伤手臂，而且锤柄若是不合格，一旦断裂，锤头会飞出伤人，十分危险！

违章镜头 77 把高容量的熔丝中间剪个小口当小容量熔丝使用。

改正方法：有的电工在没有合适的小容量熔丝时，就把大容量的粗熔丝用钳子剪一个小口子充当小容量细熔丝使用，这是十分危险的，必须立即制止！实践表明，这样做并不能降低熔丝电流，因为剪小口后熔丝截面积虽然减小了，但散热面积却增大了，两者效果相互抵消。而且，剪口大小、深度多少，很难估量，所以很难起到应有的保护作用。

违章镜头 78 电源母线的涂漆颜色不对应。

改正方法：母线的涂漆颜色必须对应，不能随意更改或乱涂，母线的涂漆颜色要求如下：

1）三相交流母线：U 相为黄色，V 相为绿色，W 为红色，中性线为白色或灰色。

2）单相交流母线与引出相的颜色相同。

3）直流母线：正极（+）为红色（赭色），负极为蓝色。

违章镜头 79 单人进行单台配电变压器停电工作。

改正方法：要向职工讲清楚单人进行电气设备操作的危险性。即使配电变压器停电也必须坚持履行工作许可手续，经批准办理相关手续并做好安全措施后由两人进行，一人操作，一人监护。

违章镜头 80 立、拔杆和收、放、紧线无专人指挥或无统一指挥信号。

改正方法：立、拔杆和收、放、紧线都属于群体工作，如果无专人指挥和无统一指挥信号，很难行动统一、步调一致，极易发生意想不到的事故。所以，立、拔杆和收、放、紧线工作必须设立专人指挥，不但要有统一的指挥信号，而且还要使所有工作人员都能够明了。如发现在上述工作中无专人指挥或无统一指挥信号，应立即纠正，同时要对工作负责人批评教育或处罚。

违章镜头 81 立杆时，有人在离杆下 1.2 倍杆高的距离范围以内。

改正方法：立杆时，如指挥或操作不当，电杆有可能倾倒伤人，因此，《安规》规定立杆过程中“除指挥人及指定人员外，其他人员必须远离杆下 1.2 倍杆高的距离以外”。防止电杆倾倒压伤或碰伤人员，如有发现，在场人员立即提醒远离，并批评教育，使其增强自我保护意识。

违章镜头 82 用突然剪断导线、地线的方法松线。

改正方法：在杆上工作时，用突然剪断导线、地线的方法松线是相当错误的。这种做法会使电杆稳定性遭受破坏，有可能导致杆塔倒塌酿成事故，如有发现应立即制止，并给予批评教育。

违章镜头 83 设备检修后不进行设备验收。

改正方法：检修后的设备必须经过验收，以确保设备检修质量，防止检修后不合格的设备投入运行，造成事故。因此，必须严格执行设备检查验收制度，坚持谁验收、谁签字、谁负责，确保设备验收质量关。

违章镜头 84 在放线跨越施工中，与邻近的带电部位小于安全距离。

改正方法：应向违章者说明，在放线跨越施工中，与邻近的带电部位安全距离过小时存在的危险性，极易发生意想不到的情况，如紧收线跳动、断线等发生导线（或牵引绳）与带电部位相撞、相碰，造成触电事故。因此，作业前，应认真检查和测量安全距离是否合适，以保证作业时与带电部位的安全距离符合安全规程的规定。

违章镜头 85 不采取安全措施，在带电线路上方穿越放、收导线。

改正方法：在带电线路下方穿越放、收导线时必须采取防止触电的安全措施，以防发生跳线、断线等各种不安全情况，造成碰及下方穿越放、收导线的现象。此时，应立即制止相关操作，并进行批评教育。

违章镜头 86 制订“三措”不详，且不符合作业现场实际。

改正方法：要使大家明白制订“三措”的目的和重要性，它是确保安全作业的重要手段。制订“三措”内容不详，没有可操作性，起不到保证安全的作用。如果所制订的“三措”与实际作业现场情况不符，不但起不到安全防护作用，有时候还可能引发事故。所以，制订“三措”之前必须到作业现场进行仔细勘察，要熟悉作业环境，掌握地形地貌，进行危险点分析，然后在上述基础上才能制订出有效的切实可行的“三措”计划，以保证施工和工作安全。

违章镜头 87 直接将塑料绝缘导线埋置于水泥或石灰粉层内进行暗线敷设。

改正方法：有些电工为了图省事、省钱，经常将塑料绝缘线直接埋置于水泥或石灰粉层内，这是不正确的！按照有关技术规定与要求，塑料绝缘导线不能暗敷在水泥或石灰粉层内，其理由如下：

1）塑料绝缘导线长时间使用后，塑料会老化龟裂，绝缘水平大大降低；当线路短时过载或短路时，更易加速绝缘的损坏。

2）一旦水泥或石灰粉层受潮，就会引起大面积漏电，危及人身安全。

3）塑料绝缘导线直接暗敷，也不利于线路检修和保养。

违章镜头88 工作无计划，班站擅自安排工作。

改正方法：各单位对每日作业数量的控制，是加强生产计划管理，提高施工、检查质量，确保安全生产工作处于可控、在控状态的重要手段。因此，各单位必须严格执行检修、轮修作业管理制度，按照工作点审批程序及每日规定的作业点数量，安排生产、检修、轮修工作。对于不执行检修、轮修作业管理制度的行为应批评纠正，并按相关规定进行考核，进而杜绝不按作业点审批程序办理生产施工和检修工作手续，擅自安排生产施工、检修工作的行为。

违章镜头89 不进行危险点预控分析。

改正方法：要向工作负责人和工作班成员讲清楚危险点预控分析的重要性。危险点预控分析是加强安全生产工作的重要环节。对于那些不进行危险点预控分析，或者对危险点预控分析不认真、敷衍了事者要严厉批评和制止。在确定上报审批工作点之前，一定要在工作负责人及有关人员带领下到作业现场勘察，了解工作范围，熟悉工作环境，掌握作业对象状况，根据现场实际进行危险点预控分析，制订详细的“三措”计划。

违章镜头90 白天工作间断时，工作班离开工作地点，不采取安全措施和派人看守。

改正方法：要向职工、特别是工作负责人讲清楚工作间断时工作班离开工作地点要采取安全措施和派人看守的必要性、重要性以及无人看守的危害性。如果不采取必要的安全措施，无人看守，很可能在工作间断期间造成对外来人员的伤害或者其他人员改变了原有的安全措施，使工作人员恢复工作后造成事故。因此要教育职工必须严格执行工作间断制度，在工作间断期间，如果工作班需要暂时改变工作地点，除应采取安全措施和派人看守外，恢复工作前还应检查接地线等各项安全措施的完整性。

违章镜头91 使用不合格的导线当临时线使用。

改正方法：必须向违章者说明使用不合格的导线当临时线使用会埋下很大的安全隐患，导致各类触电事故的发生。架设临时用电线路不能马马虎虎，必须按照《安规》的要求进行。

违章镜头92 白炽灯泡内的钨丝烧断后将其“搭上”继续使用。

改正方法：有时候白炽灯内的钨丝烧断后，有的人喜欢摇晃灯泡，将钨丝“搭上”，然后继续使用，这是十分危险的，必须立即制止。

这是因为：

1）“搭上”的钨丝总长度减小，灯泡电阻下降，在相同电压下通过的电流增加，因此增大了照明线路的负载电流，可能造成导线绝缘损坏、接头发热等不良后果。

2）由于重新搭接后，通过钨丝的电流增加，因此灯丝很快会烧断，并可能引起灯泡爆裂，危及人身安全。

所以，白炽灯泡内钨丝烧断后，不能“搭上”继续使用。

违章镜头 93 把埋在地里的接地线涂上油漆。

改正方法：埋在地里的接地线是不能涂上油漆的，一旦涂上漆就会增大接地电阻，导致接触不良。但明敷的接地线必须涂上明显的黑色漆。图 1-7 所示为正确安装的接地线。

图 1-7 正确安装的接地线

第二章

维修电工安全常识

一、电气事故分类

电气事故可以按不同的方式进行分类。按灾害形式分类有人身事故、设备事故、火灾事故、爆炸事故等；按电路状况分类有短路事故、断线事故、接地事故、漏电事故等。

考虑到事故是由外部能量作用于人体或系统内能量传递发生故障造成的，所以能量是造成事故的基本因素。从这个角度出发，电气事故又大致分为以下几类：

1. 触电伤害事故

触电事故是由电流的能量造成的，触电是电流对人体的伤害。电流对人体的伤害可分为电击和电伤。

按照人体触及带电体的方式和电流通过人体的途径，触电可分为以下几种情况：

（1）直接接触触电　直接接触触电分为单相触电和两相触电两类。

1）单相触电：人体接触电气设备的任何一相带电导体所发生的触电，称为单相触电。对于中性点直接接地的电网及中性点不接地的低压电网都可能发生单相触电，单相触电示例如图2-1所示。

2）两相触电：人体同时接触带电的任何两相电源，不论中性点是否接地，人体受到的电压是线电压，触电后果往往很严重。但是两相触电一般比单相触电事故的发生概率小一些。两相触电示例如图2-2所示。

（2）间接触电　当电气设备的绝缘层在运行中发生故障而损坏时，使电气设备本来在正常工作状态下不带电的外露金属部件（如外壳、构架、护罩等）呈现危险的对地电压，当人体触及这些金属部件时，就构成间接触电，也称为接触电压触电。

在低压中性点直接接地的配电系统中，电气设备发生碰壳短路将是一种危险

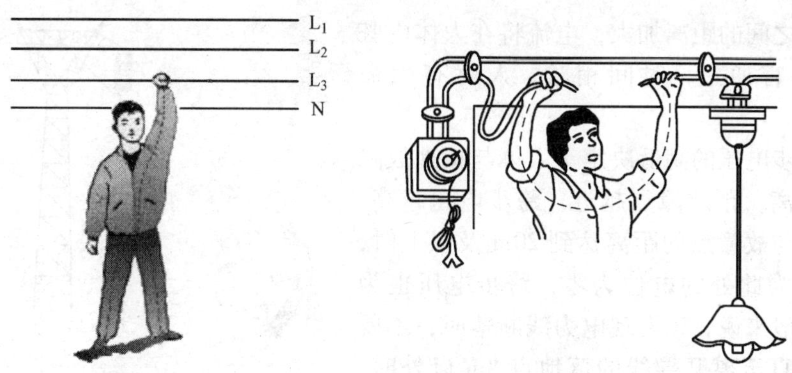

图 2-1 单相触电示例

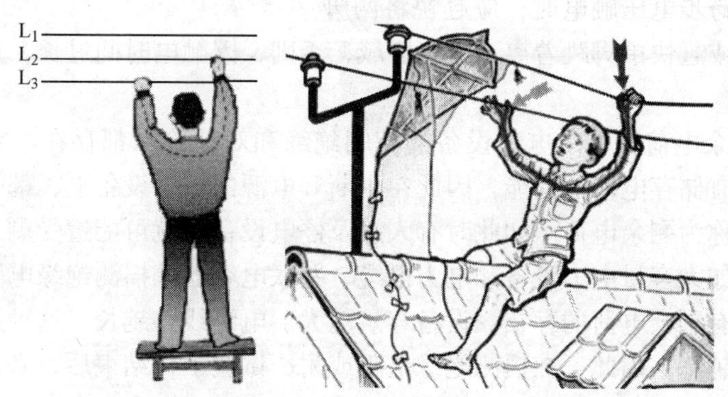

图 2-2 两相触电示例

的故障。如果该设备没有采取接地保护，一旦人体接触电气设备外壳时，加在人体上的接触电压近似等于电源对地电压，这种触电的危险程度相当于直接接触触电，严重时可能导致人身死亡。

根据历年来触电伤亡事故的统计分析，在低压配电系统中，触电伤亡事故主要是间接接触引起的。因此，防止间接触电事故是降低触电事故的重要方面。

（3）跨步电压触电　当电气设备的绝缘损坏或高压架空线路的一相断线落地时，落地点的电位就是导线的电位。接地电流通过落地点向大地流散，在以落地点为圆心，半径为 20m 的圆形区域内形成分布电位。如有人在接地故障点周围通过，其两脚之间（人的跨步距离按 0.8m 计算）的电位差就称为跨步电压。由于跨步电压的作用，电流从人的一只脚经下身，通过另一只脚流入大地形成回路，造成触电事故，如图 2-3 所示，这种触电方式称为跨步电压触电。

发生跨步电压触电时，触电者先感到两脚麻木，然后跌倒，人跌倒后，由于头与脚之间的距离加大，电流将在人体内脏重要器官通过，时间稍长，人就有生命危险。

跨步电压的高低决定于人体与接地故障点的距离，距故障点越近，跨步电压越高。当人体与故障点的距离达到 20m 及以上时，可以认为此处的电位为零，跨步电压也为零。一般来说，当发现电力线断落时，不要靠近，直至离开导线的落地点 8m 以外时，就较为安全了。

图 2-3 跨步电压触电示例

当发生跨步电压触电时，应赶快将两脚并在一起，或赶快单脚跳着离开危险区域，否则，因触电时间过长，也会导致触电死亡。

（4）剩余电荷触电 电气设备的相间绝缘和对地绝缘都存在电容效应。由于电容器具有储存电荷的性能，因此在刚断开电源的停电设备上，都会保留一定量的电荷，称为剩余电荷。如此时有人触及停电设备，就可能遭受剩余电荷的电击。另外，如大容量电力设备和电力电缆、并联电容器等摇测绝缘电阻后或耐压试验后都会有剩余电荷的存在。设备容量越大、电缆线路越长，这种剩余电荷的积累电压就越高。因此，在摇测绝缘电阻或耐压试验工作结束后，必须注意充分放电，以防剩余电荷触电。

（5）感应电压触电 由于带电设备的电磁感应和静电感应作用，能使附近的停电设备上感应出一定的电位，其数量的大小决定于带电设备电压的高低、停电设备与带电设备两者接近程度的平行距离、几何形状等因素。感应电压往往是在电气工作者缺乏思想准备的情况下出现的，因此，具有相当大的危险性。在电力系统中，感应电压触电事故屡有发生，甚至会造成死亡事故。

（6）静电触电 静电电位可高达数万伏至数十万伏，可能发生放电，产生静电火花，引起爆炸、火灾，也可能造成对人体的电击伤害。由于静电电击不是电流持续通过人体的电击，而是由于静电放电造成的瞬间冲击性电击，能量较小，通常不会造成人体心室颤动而死亡。但是往往造成二次伤害，如高处跌落或其他机械伤害，因此同样具有相当大的危险性！

2. 电气线路或设备伤害事故

电气线路或设备故障可能发展成为事故，并可能危及人身安全。

（1）由于用户原因造成影响系统的事故 这类事故是指由于用电单位内部发生电气设备或线路事故，造成公用电力网络及其他单位停电，或引起系统波动，甚至电网解列的重大事故。例如：用户的大型起重吊装设施触及系统高压电网，造成接地或短路事故，引起系统变电站掉闸，甚至系统的电网解列；另一种是用户内部短路事故，继电保护装置拒动作造成越级跳闸，造成上级变电所跳闸停电，使系统网络上的其他用户停电；再一种情况是用户除了重大短路事故，使部分地区电压大幅度下降，使用户用电设备大量停止运转。

（2）造成企事业单位全厂停电的事故 这类事故是指由于用户本身内部原因，造成全厂停电并影响生产的事故。但下列两种情况除外：

1）双路电源供电的单位，其中一路电源因内部故障断电后，另一路电源能及时投入运行，而未影响生产的。

2）备有电源自动重合闸装置的用户，在出现内部故障全厂停电后，自动重合闸成功，恢复正常供电。

（3）重大设备损坏事故 这类事故是指大型用户（供电容量在10000kV·A及以上的工矿企业）的一次设备发生损坏事故，如主变压器以及电源侧的主断路器等电气设备的损坏。这类设备损坏时，必然导致全厂停电，经济损失很大。

3. 雷电伤害事故

雷电事故是指发生雷击时，由雷电放电而造成的事故。雷电放电具有电流大（可达数十千安至数百千安）、电压高（300～400kV）、陡度高（雷电冲击波的前沿徒度可达500～1000kA/μs）、放电时间短（30～50μs）、温度高（可达20000℃）等特点，释放出来的能量可形成极大的破坏力，除可能毁坏建筑设施和设备外，还可能伤及人、畜，甚至引起火灾和爆炸，造成大规模停电等，如图2-4所示。因此，电力设施、高大建筑物，特别是有火灾和爆炸危险的建筑物和工程设施，均需考虑防雷措施。

图2-4 遭雷击破坏的电能表箱

4. 电磁场伤害事故

电磁场伤害即射频伤害。射频伤害是由电磁场的能量造成的，人体在交变电磁场作用下吸收辐射能量，会受到不同程度的伤害，其症状主要是引起人的中枢神经功能失调，明显表现为神经衰弱症状，如头晕、头痛、乏力、睡眠不好等，还能引起植物性神经功能失调的症状，如多汗、食欲不振、心悸等。此外，还发现部分人有脱发、视力减退、伸直手臂时手指轻微颤动、皮肤划伤等异常症状，还发现心血管系统症状比较明显，如心动过速或过缓、血压升高或降低、心悸、心区有压迫感、心区疼痛等。

二、触电对人体的伤害

1. 触电对人体的伤害形式

（1）电击　电流直接通过人体的伤害称为电击。电流通过人体内部造成人体器官的损伤，破坏人体内细胞的正常工作，主要表现为生物学效应。电流通过人体，会引起麻木感、针刺感、压迫感、打击感、痉挛、疼痛、呼吸困难、血压异常、昏迷、窒息、心室颤动等症状。

（2）电伤　电流转换为其他形式的能量作用于人体的伤害称为电伤。电伤是电流的热效应、化学效应、机械效应等对人造成的伤害。

1）电灼伤。电灼伤是电流的热效应造成的伤害，分为电流灼伤和电弧烧伤两种情况。电流灼伤是人体与带电体接触，电流通过人体由电能转换成热能造成的伤害。电弧烧伤是由弧光放电造成的烧伤，分为直接电弧烧伤和间接电弧烧伤两种情况。直接电弧烧伤是指带电体与人体之间发生电弧，有电流流过人体的烧伤；间接电弧烧伤是电弧发生在人体附近对人体的烧伤，包括熔化的炽热金属溅出造成的烫伤。

2）电烙印。人体与带电体接触的部位留下的永久性斑痕，斑痕处皮肤失去弹性，表皮细胞坏死。

3）皮肤金属化。由于电流的作用使熔化和蒸发的金属微粒，渗入人体的皮肤，使皮肤坚硬和粗糙而呈现特殊的颜色。皮肤金属化多是在弧光放电时发生和形成的，在一般情况下，此种伤害是局部性的。

4）机械性损伤。电流作用于人体，由于中枢神经系统反射和肌肉强烈收缩等作用导致的机体组织断裂、骨折等伤害。

5）电光眼。当发生弧光放电时，由红外线、可见光、紫外线对眼睛造成的伤害，电光眼表现为角膜炎和结膜炎。

2. 影响触电伤害程度的因素

（1）通过人体电流值的影响　通过人体的电流越大，人体的生理反应和病理反应越明显，引起心室颤动所需的时间越短，致命的危险性越大。

（2）电流作用于人体时间长短的影响　电流在人体内作用的时间越长，电击危险性越大，主要原因如下：

1）人体电阻减小。电击持续时间越长，人体电阻因出汗、击穿、电解而降低，电击危险性越大。

2）能量增加。电流持续时间越长，人体内积累的电能越多，伤害程度也越高，表现为心室颤动和电流减小。

3）中枢神经系统反射强度增加。电击持续时间越长，中枢神经系统反射越强烈，电击危险性越大。

工频电流对人体的作用见表2-1。当发现有人触电时，应当迅速使触电者摆脱带电体。

表2-1　工频电流对人体的作用

电流/mA	电流持续时间	生理效应
0～0.5	持续通电	没有感觉
0.5～5	连续通电	开始有感觉，手指、手腕等处有麻本感，没有痉挛，可以摆脱带电体
5～30	数分钟以内	痉挛，不能摆脱带电体，呼吸困难，血压升高，是可以忍受的极限
30～50	数秒至数分钟	心脏跳动不规则，昏迷，血压升高，强烈痉挛
50至数百	低于心脏搏动周期	受强烈刺激，但未发生心室颤动
	超过心脏搏动周期	昏迷，心室颤动，接触部位留有电流通过的痕迹
超过数百	低于心脏搏动周期	在心脏易损期触电时，发生心室颤动，昏迷，接触部位留有电流通过的痕迹
	超过心脏搏动周期	心脏停止跳动，昏迷，可能致命的电灼伤

（3）电流在人体内流通途径的影响　人体在电流的作用下，没有绝对安全的途径。电流通过心脏会引起心室颤动，乃至心脏停止跳动而导致死亡；电流通过中枢神经系统及有关部位，会引起中枢神经系统强烈失调而导致死亡；电流通过头部时将严重损伤大脑，也可能使人昏迷不醒而死亡；电流通过脊髓时会使人体发生截瘫；电流通过人的局部肢体时也可能引起中枢神经强烈系统反射而导致严重后果。

通过心脏的电流越大且电流路线越短的途径是电击危险性越大的途径。不能认为局部的触电是无危险的。

（4）人体本身的状况　人的健康状况和精神状态对触电的轻重程度也是有极大影响的，比如患有心脏病、肺病、内分泌失常、中枢神经系统疾病及醉酒者等，其触电的危险性很大。所以对于电气工作人员应当经常或定期进行严格的身体检查。

（5）电流种类的影响　不同种类的电流对人体伤害的构成不同，危险程度也不同，但各种电流对人体都有致命危险。

1）直流电流的作用。在接通和断开瞬间，直流感知阈值约为2mA。30mA以下的直流电流没有确定的摆脱阈值，30mA以上的直流电流将导致不能摆脱或数秒至数分钟以后才能摆脱带电体。电流持续时间超过心脏搏动周期时，直流室颤电流为交流的数倍；电流持续时间在20ms以下时，直流室颤电流与交流大致相同。

2）100Hz以上的交流电流的作用。通常采用频率因数来评价交频电流的危险性。频率因数是某一频率下与工频有相应生理效应的电流阈值与工频电流阈值之比。

3）冲击电流的作用。作用时间不超过0.1～10ms的电流称为冲击电流。按其波形可分为矩形波脉冲、正弦波脉冲和电容放电脉冲三种。

（6）人体的阻抗值　人体阻抗包括皮肤阻抗和体内阻抗。皮肤阻抗在人体阻抗中占有较大的比例。人体的阻抗不是固定不变的，而与下面的因素有关。

1）皮肤状况。皮肤潮湿和出汗时，以及带有导电的化学物质和导电的金属尘埃，特别是皮肤破坏后，人体阻抗急剧下降。因此，人们不应当用潮湿的，或有汗、有粘污的手去操作电气装置。

2）接触电压。接触电压增加，人体阻抗明显下降。在干燥、电流途径从左手到右手、接触面积为50～100cm^{2}的条件下，人体阻抗与接触电压的关系见表2-2。

表2-2　人体阻抗与接触电压的关系

接触电压/V	概率百分数		
	5%	50%	95%
25	1750	3250	6100
50	1450	2625	4375
75	1250	2200	3500
100	1200	1875	3200
125	1125	1625	2875
220	1000	1350	2125
700	750	1100	1550
1000	700	1050	1500

3）接触面积。人体阻抗与人体接触带电体的接触面积有关，可以认为人体阻抗与接触面积成反比。人体与带电体接触的松紧程度也影响人体的阻抗。

4）其他因素。体内阻抗与电流途径有关；女子的人体阻抗比男子小，儿童的比成人的小，青年人的比中年人的小；遭受突然的生理刺激时，人体阻抗可能明显降低；环境温度高或空气中的氧气不足时，都可使人体阻抗下降。

人体电容量很小，可忽略不计，因此，人体阻抗可作为纯电阻考虑。

3. 电击能致人死亡的机理

现代医学将人的死亡分为两种，即诊断性死亡和生物性死亡。当人处于诊断死亡状态时，生命特征已经消失，即呼吸中止、心脏停止跳动、瞳孔明显放大，而且丧失对光线的调节作用，对强烈刺激没有反应。但是，这一状态并不意味着失去了恢复生命的可能，因为机体组织尚未瓦解，而且各器官的功能是逐渐消失的。在刚刚进入死亡状态的时候，几乎所有机体组织和细胞都维持着新陈代谢过程，只不过是维持在很低的水平上。如果能够及时采取正确的措施，可能使之复活。而生物性死亡是呼吸、心脏完全停止、对外界刺激没有任何反应的不可逆死亡。

小电流电击（通过人体的电流数十至数百毫安）使人致命的最危险、最主要的原因是引起心室颤动（心室纤维性颤动）。麻痹和中止呼吸、电休克虽然也可能导致人体死亡，但是其危险性比引起心室颤动要小得多。

心脏正常工作时，收缩与舒张是有节奏地交替进行的。舒张时，来自头部和躯干、四肢的血液经右心房进入右心室，而来自肺部的血液经左心房进入左心室；收缩时，右心室的血液经动脉管送入肺部，左心室的血液则经动脉管送往全身。心脏这样不停地工作，于是维持血液循环，维持人的生命。

当人体遭受电击时，如果有电流通过心脏，可能直接作用于心肌，引起心室颤动；如果没有电流通过心脏，也可能经中枢神经系统反射作用于心肌，引起心室颤动。

发生心室颤动时，每分钟颤动1000次以上，但幅度很小，而且没有规则，血液实际上中止循环。由于电流的瞬时作用而发生心室颤动时，呼吸可能持续2～3min。在其丧失知觉之前，有时还能叫喊几句，有时还能走几步。但是，由于其心脏已进入心室颤动状态，血液中止循环，大脑和全身迅速缺氧，伤情将急剧变化，如不能及时抢救，很快就导致诊断性死亡。心脏发生心室颤动持续时间是不可能长的，如不及时抢救，很快就完全停止跳动。

人体遭受电击时，如有电流作用于胸肌，将使胸肌发生痉挛，使人感到呼吸困难。电流越大，感觉越明显。如作用时间较长，将发生憋气、窒息等呼吸障碍。窒息后，意识、感觉、生理反射相继消失，继而呼吸中止。稍后，即发生心室颤动或心脏停止跳动，导致诊断性死亡。在这种情况下，心室颤动或心脏停止跳动不是由电流通过心脏引起的，而是由机体缺氧和中枢神经系统反射引起的。

通过人体数十毫安（一般认为是50mA，有效值）以上的工频交流电流，既可能引起心室颤动或心脏停止跳动，也可能导致呼吸中止。但是，前者的出现比后者早得多，即前者是主要的。如果通过人体的电流只有20～25mA，一般不能直接引起心室颤动或心脏停止跳动。但如时间较长，仍可导致心脏停止跳动。这时，心室颤动或心脏停止跳动主要是由呼吸中止导致机体缺氧引起的。但当通过人体的电流超过几安培时，由于刺激强烈，也可能先使呼吸中止。几安培的电流流过人体，还可能导致严重灼伤，甚至死亡。

电休克是机体受到电流的强烈刺激，发生强烈的神经系统反射，使血液循环、呼吸及其他新陈代谢都发生障碍，以致神经系统受到抑制，出现血压急剧下降、脉搏减弱、呼吸衰竭、神志昏迷的现象。电休克状态可以延续数十分钟到数天。其后果可能是得到有效的治疗而痊愈，也可能由于重要生命机能完全消失而死亡。

三、防止触电的安全措施

1. 保证安全工作的组织措施

在低压电气设备上工作，保证安全的组织措施包括：工作票制度、工作许可制度、工作监护制度和现场看守制度、工作间断和转移制度、工作终结、验收和恢复送电制度。

（1）工作票制度　在电力线路和电气设备上进行工作，应根据具体的工作内容和需要填写工作票，它是准许在电力线路或电气设备上工作的书面命令，是保证工作人员安全的重要措施，必须认真执行。

工作票分为两种，即第一种工作票和第二种工作票，应根据不同的工作内容，正确地填写，使用时不能混淆。如在停电线路（或在双回线路中的一回停电线路）上的工作，以及在全部或部分停电的配电变压器台架上可配电变压器室内的工作，都应填写第一种工作票。而在带电线路杆塔上、在运行中的配电变压器台上或配电变压器室内的工作，应填写第二种工作票。

值得特别注意的是，严禁借停电机会，在没有办理任何工作手续的情况下进行任何工作。

（2）工作许可制度　在电力线路和电气设备上工作之前，必须严格履行工作许可制度。工作许可人一般为调度所值班员或工区值班员。他在完成工作现场的各项安全措施后，即必须在发电厂、变电所等处将线路可能受电的各处都拉闸停电，并挂好接地线后，将工作班组数目、工作负责人姓名、工作地点和工作任务记入记录簿内，并会同工作负责人再次检查所做的安全措施，交代清楚后，会同工作负责人在工作票上分别签名，然后才能发出许可开始工作的命令。只有在接到许可开始工作的命令后，电工才能开始进行工作。

值得特别注意的是严禁约时停送电。

（3）工作监护制度和现场看守制度　对有触电危险及施工地段情况复杂，容易发生事故的停电作业，或进行不完全停电的工作时，均须严格执行监护制度。开工前，监护人（工作负责人）必须向工作班人员交代现场安全措施、带电部位和其他注意事项。监护人必须始终在工作现场，对工作班人员的安全应认真负责监护，及时纠正不安全的行为。

（4）工作间断和转移制度　工作中遇有雷雨、暴风或其他威胁到工作人员安全的情况时，工作负责人可根据情况决定临时停止工作。

白天工作间断时，工作地点的全部接地线仍保留不动。如果工作班需要暂时离开工作地点，则必须采取安全措施和派人看守。恢复工作前，工作负责人应亲自检查接地线和其他安全措施确无变动后，方可恢复工作。

（5）工作终结、验收和恢复送电制度　全部工作完工后，工作负责人（包括小组负责人）必须检查线路检修地段的情况，检查在杆塔、导线、绝缘子及设备上有无遗留的工具、材料等，通知并查明全部工作人员确从杆上撤下后，然后明令拆除接地线。接地线拆除后，即应认为线路带电，不准任何人登杆进行任何工作。

工作终结后，工作负责人应报告工作许可人。报告的方法有两种：一是工作负责人从工作地点回来亲自报告，二是用电话报告并经复诵无误。

工作总结的报告应简明扼要，报告的内容是：工作负责人的姓名；某线路上某处（说明杆号、分支线的名称等）已经完工；设备的改动情况；工作地点所挂的接地线已经全部拆除；线路上已经无本班组工作人员，可以送电等。工作许可人在接到所有工作负责人（包括用户）的完工报告后，并通知工作已经完毕，所有工作人员已从线路上撤离，接地线已经拆除，与记录簿核对无误后方可下令拆除发电厂、变电所等所有线路侧的安全措施，向线路恢复送电。

2. 保证安全工作的技术措施

在架空电力线路上工作时要具有保证安全的技术措施，主要包括停电、验电、挂接地线等几个方面。

（1）停电　线路工作的地点，必须断开电源的部分有：发电厂或变电所（包括各有关的用户）的线路开关和刀开关；工作班操作的线路各端的开关、刀开关和熔断器；危及停电作业线路的安全，而且不能采取安全措施的交叉、跨越、平行和同杆架设的线路的开关和刀开关；有可能返回低压电源的开关和刀开关等。

停电后应检查断开后的开关和刀开关确在断开位置，开关、刀开关的操作机构应加锁；跌落式熔断器的熔管应摘下；应在开关或刀开关的操作机构上悬挂“线路有人工作，禁止合闸”的标识牌。

（2）验电　在已停电架空线路的工作地段，悬挂接地线前，必须用经试验合格的验电器验明线路确无电压。验电时必须戴绝缘手套。

线路的验电操作应逐相进行，检修开关或刀开关时应在其两侧验电。对同杆架设的多层电力线路进行验电时，应先验低压后验高压，先验下层，后验上层，先验距离人体近的，后验距离人体远的。

（3）挂接地线　线路一经验明确实无电压后，各工作班（组）应立即在工作地段两端挂接地线。凡有可能送电到停电线路的分支线也要挂接地线。若有感应电压反映在停电线路上时，应加挂接地线。同时在拆除接地线时，应防止感应电触电。

挂接地线是防止线路突然来电唯一可靠的安全措施。装挂接地线后，若发生了线路意外来电，也会因短路接地线的作用使线路开关跳闸，切断电源，保障工作人员不致触电。

挂接地线时，应先接接地端，后接导线端，接地线的连接应可靠，不准缠绕。拆除接地线的程序与此正好相反。装拆接地线时工作人员应使用绝缘杆或戴绝缘手套，人体不得碰触接地线。

3. 低压带电工作的防触电措施

（1）在低压电气设备上带电作业　低压带电作业，一般是指低压间接带电作业，系指人体与带电设备非直接接触，即工作人员手握绝缘工具对带电设备进行的工作。在低压带电设备上工作时，除至少应有两人工作外，还必须遵守以下安全措施：

1）进行间接带电作业时，作业范围内电气回路的漏电保护器必须投入运行。

2）低压间接带电作业时，作业范围内电气回路的漏电保护器必须投入运行。

3）在带电的低压配电装置上工作时，应采取防止相间短路和单相接地短路的隔离措施。

（2）在低压线路上带电工作　在低压线路上带电工作时也必须至少有两人进行，并设专人监护，同时还必须遵守以下安全规定：

1）应使用合格的有绝缘手柄的工具，穿绝缘靴、鞋或站在干燥的绝缘物上，并戴手套和穿长袖衣工作。

2）高、低压同杆架设时，应先检查工作人员与高压线可能接近的距离是否符合规定，若不符合规定，要采取防止误碰高压线路的措施或将高压线路停电。

3）同一杆上不准两人在不同相上工作；工作人员穿越线挡，必须先用绝缘物将导线遮盖好。

4）上杆前应分清相线与零线（中性线），选好工作位置；断开导线时，应先断开相线，后断开零线；搭接导线时，应先接零线，后接相线；接相线时，应先将两个线头搭实后再进行缠绕，切不可使人体同时接触两根导线。

四、触电急救的方法

1. 人体触电后的表现

人体触电后的表现主要有以下几点：

（1）假死　所谓假死就是触电者失去知觉、面色苍白、瞳孔放大、脉搏和呼吸停止。假死可分为三种类型：心脏停止，尚能呼吸；呼吸停止，心跳尚存，但脉搏很微弱；心跳、呼吸均停止。

由于触电时心跳和呼吸是突然停止的，虽然中断了供血供氧，但人体的某些器官还存在微弱活动，有些组织的细胞的新陈代谢还能进行，加之一般体内重要器官并未损伤，只要及时进行抢救，触电者极有可能被救活。

（2）局部电灼伤　触电者神志清醒，电灼伤常位于电流进出人体的接触处，进口处的伤口常为一个，出口处的伤口有时不止一个，电灼伤的面积较小，但较深，有时深达骨骼，大多为三度灼伤。灼伤处是焦黄色或褐黑色，灼伤处与正常皮肤有明显的界线。

（3）轻微伤害　触电者神志清醒，只是有些心慌、四肢发麻、全身无力、一度昏迷，但未失去知觉，出冷汗或恶心呕吐等。

2. 使触电者脱离电源的方法

发现有人触电时，不要惊慌失措，应赶快使触电者脱离电源，这样才能进一步施行其他急救措施。应当注意的是，在脱离电源过程中，救护人员既要救人，也要注意保护自己。触电者未脱离电源前，救护人员不准直接用手触及伤员。

（1）低压触电时脱离电源的方法

1）拉闸停电。如果刀开关或插头就在附近，应迅速拉下开关或拔掉插头，以切断电源，如图2-5所示。但应注意的是，如果触电者因接触灯线而触电，不能认为拉开拉线开关就算停电了，因为拉线开关有可能是错接在零线上的，虽然拉开了拉线开关，但导线仍然有电，所以应在顺手拉开拉线开关后，再迅速拉开附近的刀开关或熔丝盒，这样才比较安全。

2）如果开关或插头与触电现场的距离很远，不能很快切断电源，可用带绝缘手柄的电工钳、有干燥木柄的斧头、刀、锄头等利器把电线切断，一定要注意切断的电线不能再伤到旁人。

3）当导线断落在触电人身上或压在身下时，可用干燥的木棒、竹竿、木板、木凳等物迅速地将电线挑开；但千万注意，不能用铁棒等金属物或潮湿的东西去挑电线，也不可将电线挑落在其他人身上。

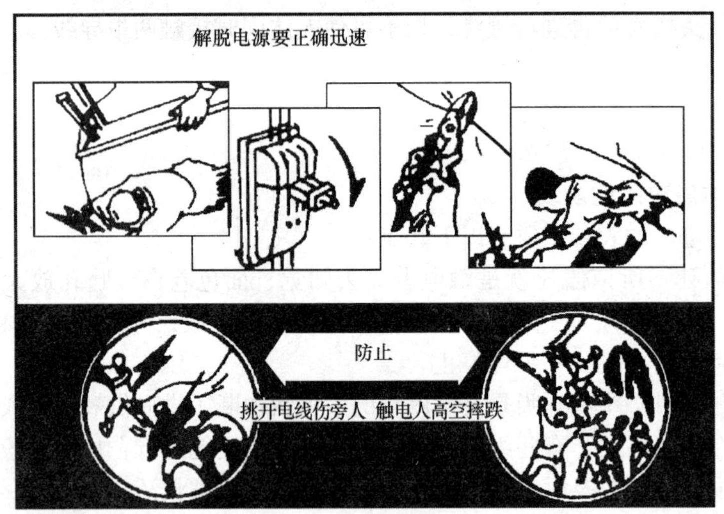

图 2-5 迅速断开电源的方法

4）如果抢救时身边什么工具也没有，若触电者的衣服是干燥的，而且也没有紧缠在身上，抢救人可用一只手（不可用两只手）厚厚地包上绝缘的物品，如干燥的毛衣、围巾等，拉触电人的衣服，使之脱离电源，注意不要触及触电人的皮肤，也不可拉触电人的脚。

进行触电急救时，还必须防护自己和在场人员误触电及加重触电人的外伤。如果有人在高处触电，必须采取防护措施，防止触电人从高处摔下来。

（2）高压触电时解脱电源的方法

1）若在高压电气设备或高压线路上触电，为使触电者脱离电源，应尽量通知有关部门停电，或用适合该电压等级的绝缘工具（如戴绝缘手套、穿绝缘靴并用绝缘棒）解脱触电者；救护人员在抢救过程中，应注意自身与周围带电部分留有足够的安全距离。

2）触电者在高压带电线路触电，又不能迅速切断电源的，可采用抛挂足够截面积的适当长度金属短线的方法，使电源开关跳闸；抛挂前，将短路线一端固定在临时接地端上，另一端系重物；但抛挂短路线时，应注意防止电弧伤人或断线危及人员安全。

3）如果触电人触及断落在地上的带电高压导线，且尚未验证线路无电，救护人员在未做好安全措施（如穿绝缘靴或临时双脚并紧跳跃接近触电者）前，不能接近断线点 8 ~ 10m 范围内，以防止跨步电压伤人；触电者脱离带电导线且被迅速带至 8 ~ 10m 以外后立即进行急救；只有在确定线路已经无电，才可在触电者离开触电导线后，立即进行急救。

3. 救治触电者的方法

(1) 对触电者的伤害情况进行判断　触电者脱离电源后，首先用看、听、试的方法，迅速检查呼吸、心跳是否停止，瞳孔是否放大，如图2-6所示。

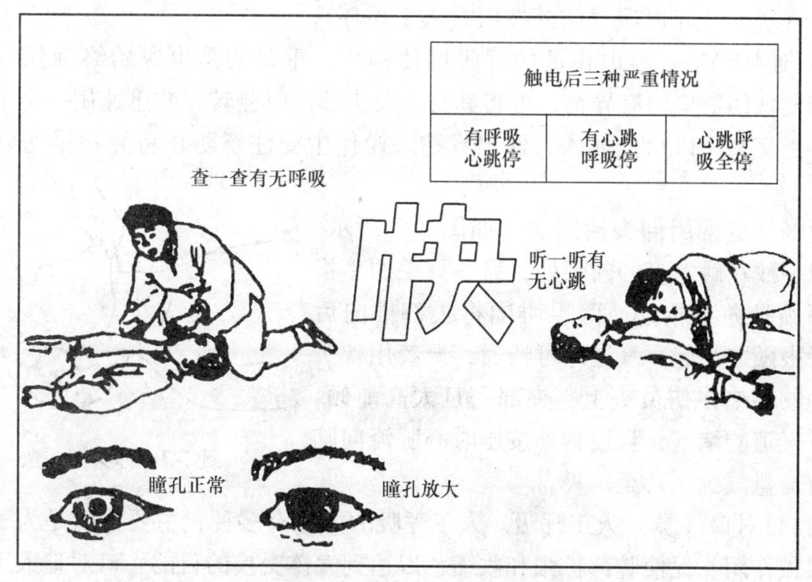

图2-6　迅速检查症状

“看”就是察看伤员的胸部、腹部有无起伏动作；“听”就是用耳贴近伤员的口鼻处，倾听有无呼吸声音；“试”就是测试伤员口鼻处有无气流。最后，再用两手指轻轻试一侧（左或右）喉结旁凹陷处的静动脉有无搏动。

根据上述看、听、试的结果，决定采用何种急救方法：

1）如果触电人的伤害程度并不严重，神志还比较清醒，只是有一些心慌、四肢发麻、全身无力或者曾一度昏迷，但很快恢复知觉，则不需要做人工呼吸和胸外按压，应让其就地安静地躺下来，休息1~2h，并注意观察；在观察过程中，如发现触电者呼吸和心跳很不规则甚至接近停止，应赶快抢救。

2）如果触电人的伤害情况较为严重，无呼吸、无知觉，但心脏有跳动时，应采用口对口（鼻）人工呼吸；如触电者虽然有呼吸，但心跳已停止时，则应采用胸外按压的方法进行抢救。

3）如果触电人的伤害情况很严重，无知觉，心脏跳动和呼吸都已停止时，则需同时采用口对口人工呼吸和胸外按压两种方法进行抢救。

触电急救应就地进行，中间不能停止。如果触电者电伤严重，非送医院不可，在途中也不能对其停止抢救。

在触电急救中，不能用土埋、泼水和压木板等错误方法抢救，避免使触电者加快死亡。

（2）心肺复苏法　触电伤员的呼吸和心跳均已停止时，应立即按心肺复苏法支持生命的三项基本措施，正确进行就地抢救。三项基本措施是：通畅气道、口对口（鼻）人工呼吸、胸外按压（人工循环）。

1）通畅气道。触电伤员的呼吸即使停止，重要的是也应始终确保气道通畅。如发现伤员口内有异物，可将其身体及头部同时侧转，并迅速用一个手指或用两手指交叉从口角处插入，取出异物。操作中要注意防止将异物推送到咽喉深处。

通畅气道常用仰头抬颌法，如图2-7所示。用一只手放在触电者的前额处，另一只手的手指将其下颌骨向上抬起，两手协同将头部推向后仰，舌根随之抬起，气道即可畅通，严禁用枕头或其他物品垫在伤员头上，头部一旦太高前倾，会加重气道的堵塞，且使胸外按压时心脏流向脑部的血流量减少，甚至消失。

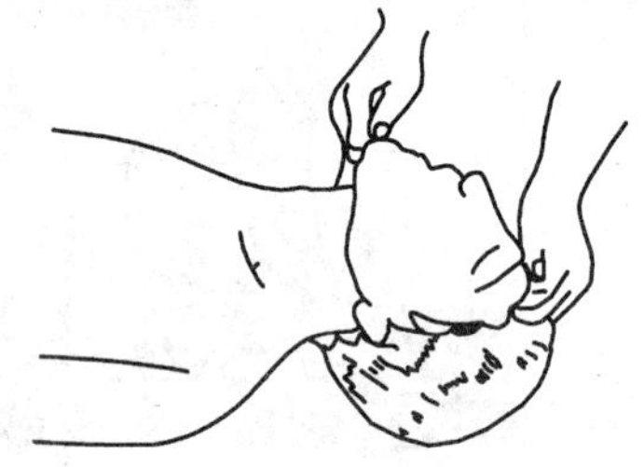

图2-7　仰头抬颌法

2）口对口（鼻）人工呼吸。人工呼吸的方法有多种，主要目的是为了采用人工机械作用，促使肺部扩张和收缩，以达到气体交换的目的。口对口人工呼吸法简单易学，效果很好，是目前最常用的有效方法。具体操作步骤如下：

① 保持呼吸道气流畅通，清除口内的呕吐物、假牙等异物，如图2-8a所示。

② 救护人在触电者头部的左边或右边，用一只手捏紧触电者的鼻孔（不要漏气），另一只手将其下颌拉向前下方（或托住其后颈），使嘴巴张开（嘴上可盖上一层纱布或薄布，准备接受吹气，如图2-8b所示。

③ 救护人做深吸气后，紧贴触电人的嘴巴向他大口吹气，同时观察其胸部是否膨胀，以决定吹气是否有效和是否适度，如图2-8c所示；每次吹气以使触电者的胸部微微鼓起为宜。

④ 救护人吹气完毕换气时，应立即离开触电人的嘴巴，并放松紧捏的鼻子，让他自动呼吸（排气），如图2-8d所示。

⑤ 抢救开始时，先连续大口吹气两次，每次1～1.5s，然后吹气速度应均匀，一般以每5s重复一次（吹气2s，呼气3s）（这正是口诀中的“一般吹气用2s，留出3s自呼气”的含义）吹气时如有较大阻力，可能是头部后仰不够，应及时纠正；抢救过程中，应每隔几分钟观察一下触电者呼吸是否已经恢复正常；如触电者已开始自主呼吸时，还应观察呼吸是否会再度停止，如果再次停止，应继续进行口对口呼吸，但这时，口对口呼吸要与触电者微弱的自主呼吸规律一致。

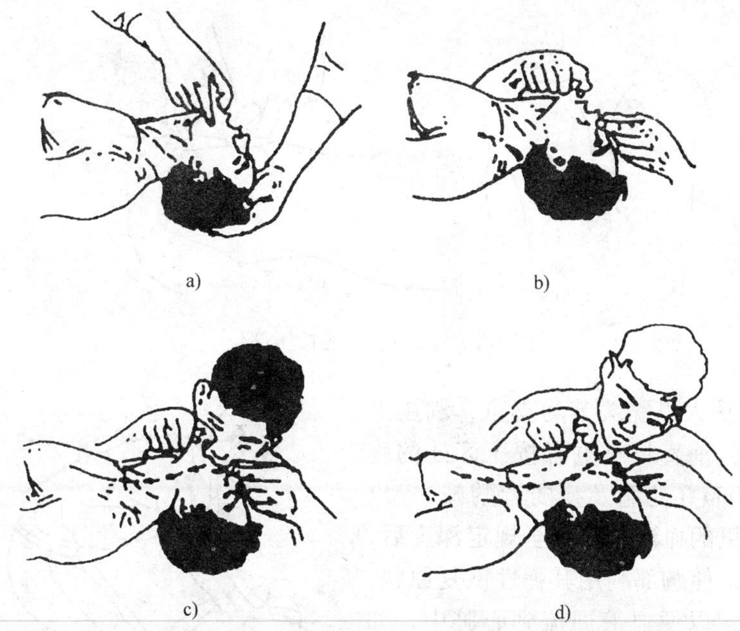

图 2-8　口对口人工呼吸法
a）头部后仰　b）捏鼻掰嘴　c）贴紧吹气　d）放松换气

口对口人工呼吸应不间断进行，抢救时，如果触电者牙齿紧闭，可采用口对鼻吹气，方法与口对口基本相同。此时，可将触电者嘴唇紧闭，抢救者对其鼻孔吹气。吹气时压力应稍大，时间也应稍长，以利于气体进入触电者肺内。

3）胸外按压（人工循环）。胸外心脏按压时用人工方法在胸外按压触电者心脏，代替心脏的自然收缩和舒张，从而达到重新产生血液循环的目的，使触电者恢复心脏跳动。此方法不需要任何设备，只要通过学习和实践就能掌握。具体操作步骤如下：

① 使触电者仰面躺在平硬的地面上，救护人员站在或跪在伤员另一侧肩旁，两肩位于伤员胸骨正上方，两臂伸直，肘关节固定不屈，两手掌根相叠，手指翘起，不接触伤员胸臂，如图 2-9 所示。

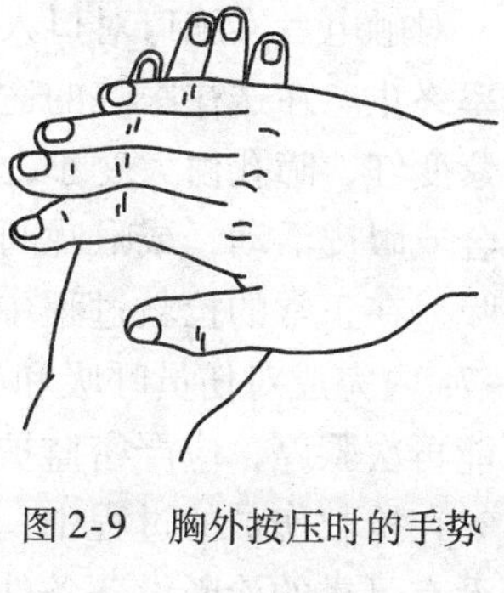

图 2-9　胸外按压时的手势

② 正确的按压位置是保证心脏挤压效果的前提，确定正确按压位置的方法是用右手食指和中指沿触电者肋弓移至胸骨下的切迹；两手指并齐，中指放在切迹中点（剑突底部），食指平放在触电者胸骨下部，另一只手的掌根紧挨食指上缘，置于触电者胸骨上，这就是正确的按压位置，如图 2-10 所示。

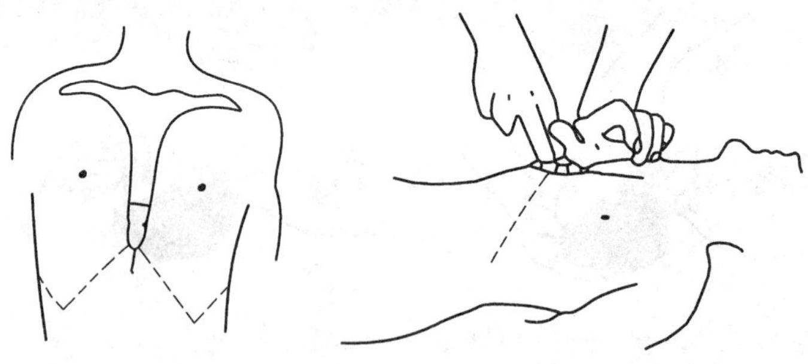

图 2-10 寻找正确的按压部位

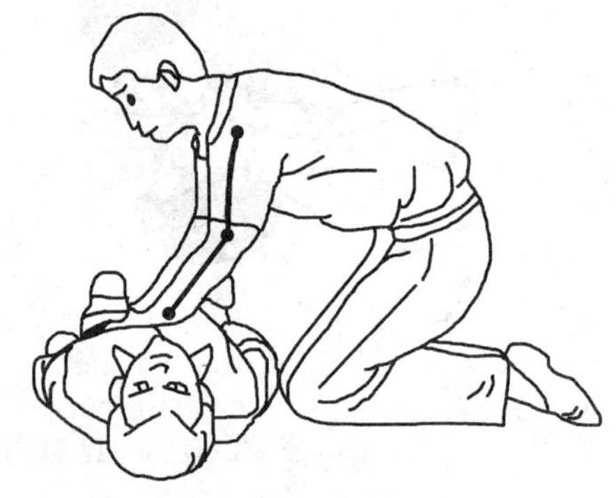

图 2-11 胸外按压

③ 救护人以髋关节为支点，利用上身的重力，垂直将触电者按压区处的胸骨压 3 ~ 5cm（儿童及瘦弱者酌减），以压出心脏里的血液；下压至规定深度后，迅速放松，使胸部利用其弹性恢复原状，心脏舒张，以便血液回流到心脏中，如图 2-11 所示。

④ 胸外心脏按压要以均匀的速度进行，每分钟 80 次左右为宜，每次按压和放松的时间应相等；按压必须有效，有效的标志是按压过程中可以触及到颈动脉的搏动。

应当指出的是，人的心脏跳动和呼吸是相互联系的，心脏跳动停止，呼吸很快就会停止；呼吸停止，心脏跳动也维持不了多久。一旦呼吸和心跳都停止，应当同时进行口对口呼吸和胸外心脏按压。其节奏若为单人抢救时，每按压 15 次后吹气两次，反复进行；双人抢救时，每按压 5 次后由另一人吹气一次，反复进行。

对触电者实施口对口人工呼吸和胸外按压时，抢救过程要坚持不断，且不可轻率终止。在送往医院的途中也不能停止抢救。抢救过程中，如发现触电者皮肤由紫变红，瞳孔由大变小，则说明抢救已收到了效果。如果发现触电者嘴唇稍有开合或眼皮活动，或喉咙间有咽东西的动作，则应注意触电者是否有自动心跳和呼吸，在正常的抢救过程中，当按压、吹气 1min 后，应用看、听、试的方法在 5 ~ 7s 内完成对伤员呼吸和心脏是否恢复的再判断。但心脏、呼吸恢复的早期有可能再次骤停，应严密监护，要随时准备再次抢救。

在抢救伤员的过程中，若需要对触电者打“强心针”处理，应持慎重态度，如没有可靠的诊断设备条件和足够的把握，不得乱用。

4. 营救杆上或高处触电者的方法

1）发现杆上或高处有人触电时，应争取时间并及早在杆上或高处进行急救。救护人员登高时应随身携带必要的工具及牢固的绳索等；当一人进行急救时，应紧急呼救，以便引起他人的注意而得到更多人的帮助。

2）救护人员在使触电者与电源脱离时，必须有防止触电者摔落的措施，同时应有防止自己触电的措施。当确认触电者已与电源脱离，且救护人员本身处于环境安全距离内且无危险电源时，方能接触触电者进行抢救，这时仍应有防止触电者高空坠落可能性的措施。

3）触电者脱离电源后，应将伤员扶卧在自己的安全带上或可利用的地方躺平，并注意保证伤员气道通畅。

4）救护人员迅速判定反应、呼吸和循环等情况。如果触电者呼吸停止，应立即口对口（鼻）吹气 2 次，再测试颈动脉，如有搏动，则每隔 5s 钟继续吹气一次；如无颈动脉搏动，可用空心拳头叩击心前区 2 次，促使心脏恢复跳动。

5）高处发生触电时，为使抢救更为有效，应及早设法将触电者送到地面。此时，应立即用绳索将其送到地面，或送到附近的平地上，以方便急救，高处营救触电者的方法如图 2-12 所示。

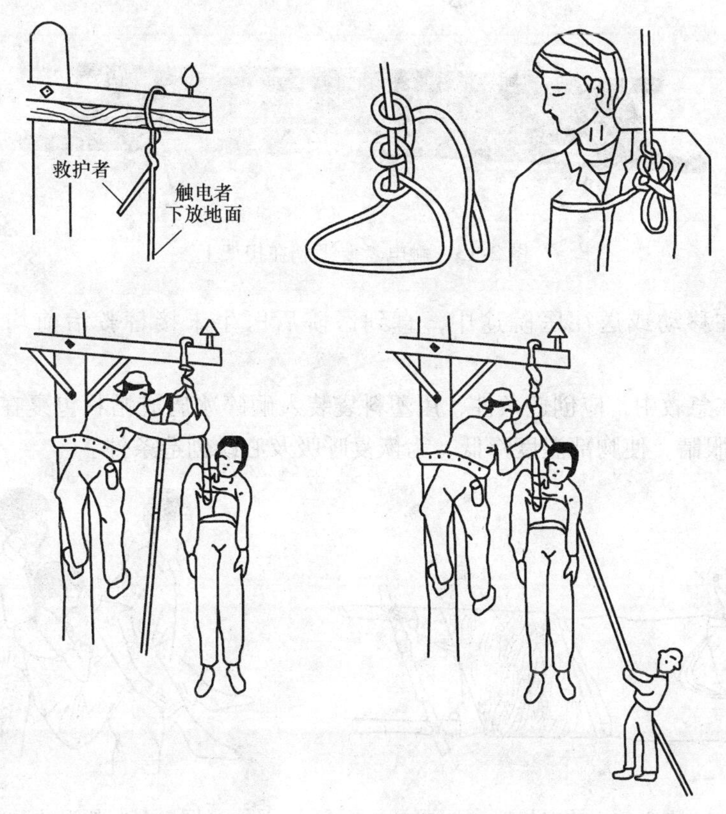

图 2-12　高处营救触电者的方法

6）将触电者由高处送至地面前，应再口对口（鼻）吹气4次，到达地面后立即继续进行人工呼吸及胸外心脏按压，直至将其救活。

5. 移动触电者的方法

1）人工呼吸及胸外心脏按压应在现场进行，不得为了方便而随意移动触电者，如确有移动的必要时，抢救中断时间不得超过30s。

2）移动触电者或将其送往医院时，应使触电者平躺在担架上并在其背部垫以平整、坚硬宽阔的木板，不得采用双人直接抬运的方法，如图2-13～图2-15所示。

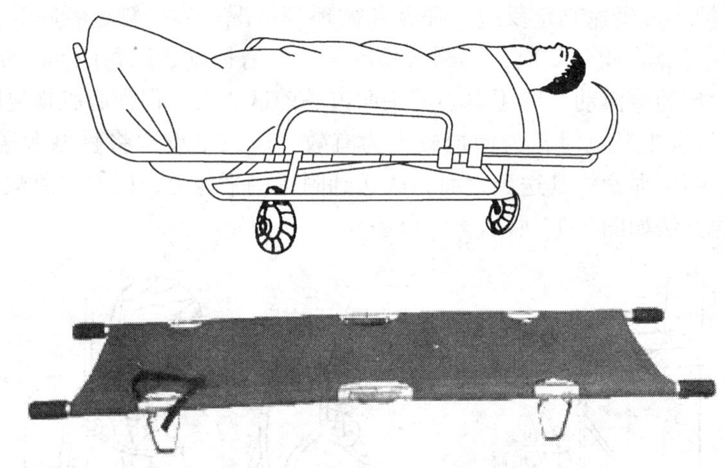

图2-13 触电者要平躺在担架上

3）在移动或送往医院途中，直到医院后医生未接替救治前均不能终止急救。

4）在急救中，应创造条件，用塑料袋装入砸碎冰屑成帽状包裹在触电者头部，露出眼睛，使胸部温度降低，为恢复呼吸及心跳创造条件。

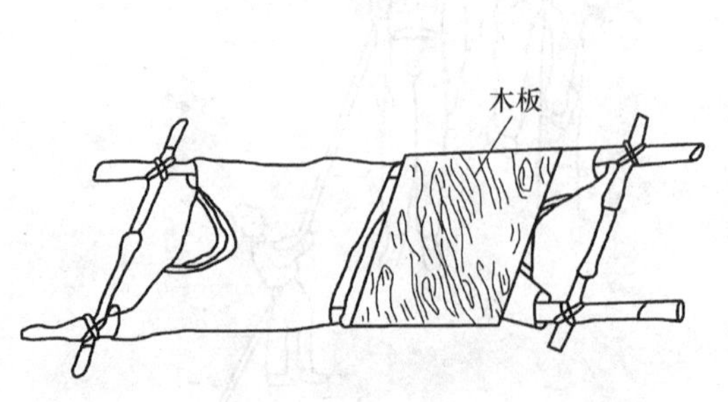

图2-14 临时担架

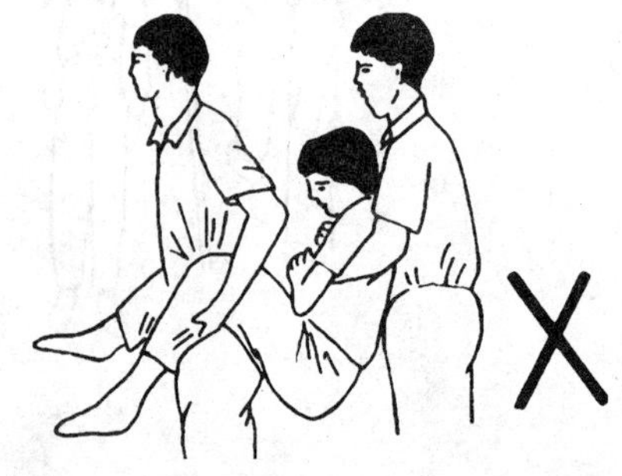

图2-15 错误的运送方法

第三章

维修电工反习惯性违章安全要求与禁忌

一、维修电工常用工器具的反习惯性违章安全要求与禁忌

1. 电工刀

电工刀是一种剖削导线线头、削制木榫的电工常用工具。电工刀的结构及其外形如图 3-1 所示。

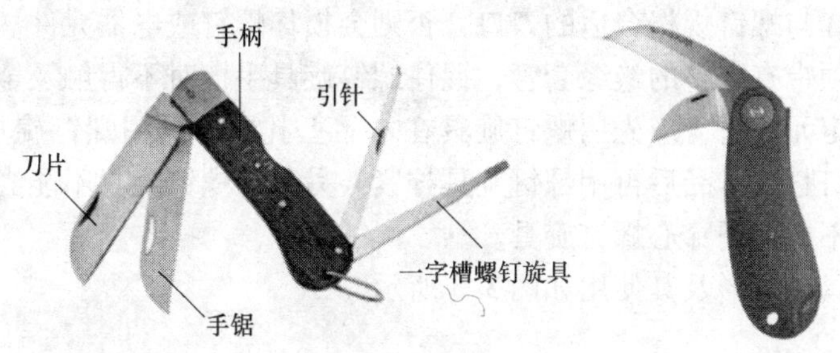

图 3-1　电工刀的结构及其外形

使用电工刀时，刀口应朝外，刀面与导线应成较小的锐角，如图 3-2 所示。由于电工刀柄没有绝缘层保护，所以不能在带电导线上使用。电工刀不许代替锤子敲击使用。用完后，应立即将刀身折入刀柄内。

电工刀的刀刃部分要磨得锋利才好剥削电线但不可太锋利，太锋利容易削伤线芯；磨得太钝，则无法剥削绝缘层。磨刀刃一般采用磨刀石或油磨石，磨好后再把底部磨点倒角，即刃口略微圆一些对双芯护套线的外层绝缘的剥削，可以用刀刃对准两芯线的中间部位，把导线一剖为二。

多功能电工刀除了刀片外，还有锯片、锥子、扩孔锥等。其中锯片可用来锯削木条、竹条，制作木榫、竹榫。另外，如果在硬杂木上拧螺钉很费劲时，可先用多功能电工刀上的锥子钻个洞，这时再往上拧螺钉便省力多了。当圆木上需要

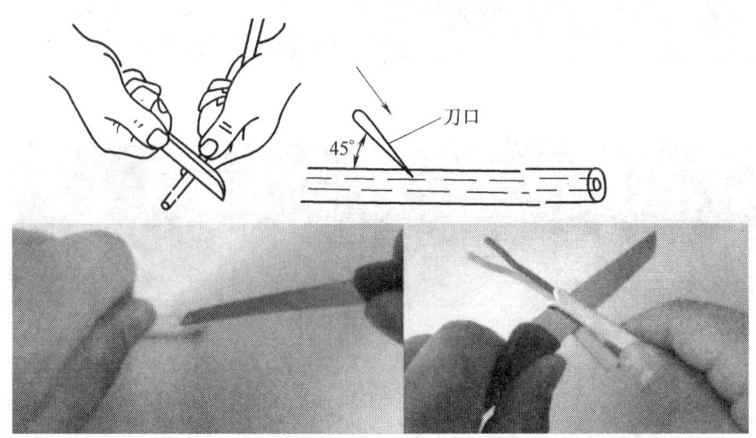

图 3-2 用电工刀剖削绝缘层的方法

钻穿线孔时，可先用锥子钻出小孔，然后用扩孔锥将小孔扩大，以利于较粗的电线穿过。

2. 螺钉旋具

螺钉旋具有十字槽和一字槽两种，是紧固和拆卸螺钉的工具。使用螺钉旋具时一定要选择与螺钉规格合适的刀口，否则会损坏螺钉或电器元件。电工使用的螺钉旋具必须带有完整的绝缘套管，握住螺钉旋具手柄时不得触及金属部分。在木制品上固定元件时，应先用螺钉旋具在木品上扎眼，再用螺钉旋具拧入螺钉，而不能将螺钉打入木品后再用螺钉旋具拧紧。另外，螺钉旋具不能当錾子、撬棒使用，电工不应使用穿心螺钉旋具。

螺钉旋具的外形及其使用如图 3-3 所示。

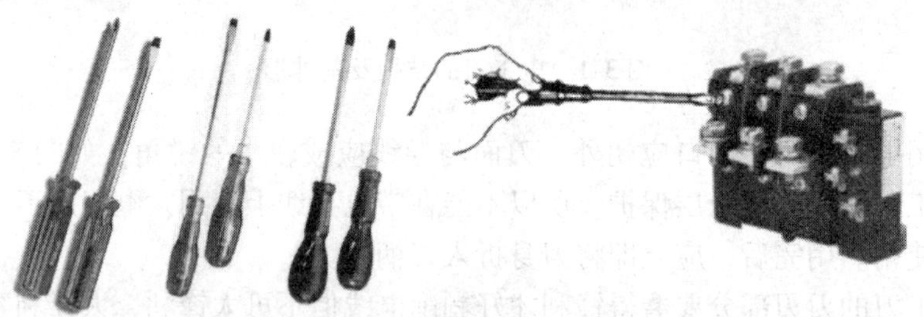
图 3-3 螺钉旋具的外形及其使用

螺钉旋具的规格有四种：Ⅰ号适用于直径为 2.0 ~ 2.5mm 的螺钉，Ⅱ号适用于 3 ~ 5mm 的螺钉，Ⅲ号适用于 6 ~ 8mm 的螺钉，Ⅳ号适用于 10 ~ 12mm 的螺钉。

3. 钢丝钳

钢丝钳是由钳头、钳柄及钳柄绝缘柄套组成的。钢丝钳的外形及其结构如图3-4所示，其绝缘柄套可耐压500V。

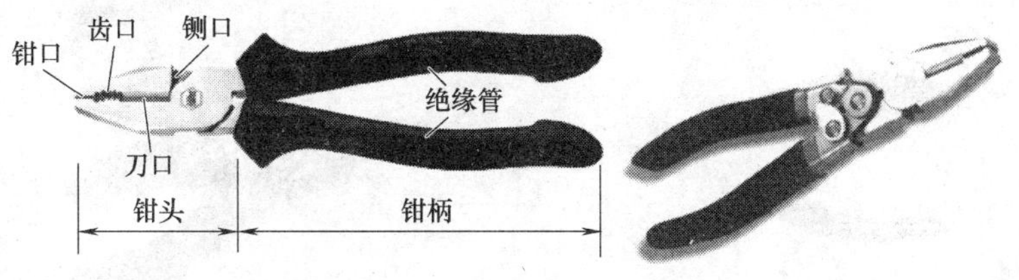

图3-4　钢丝钳的外形及其结构

钢丝钳可以钳夹和弯绞导线头，其齿口可以用来紧固或起松螺母，刀口则可以用来剪切导线或剖切软导线绝缘层，铡刀能用来铡切电线线芯和铅丝、钢丝等软硬金属，其使用方法如图3-5所示。

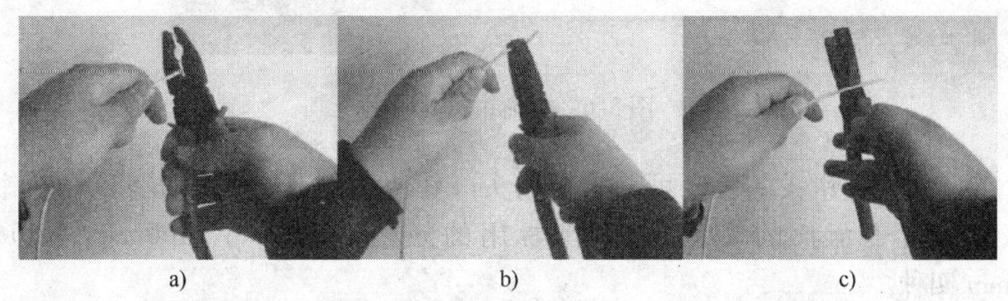

a)　　b)　　c)

图3-5　钢丝钳的使用方法
a）剪切导线　b）弯绞导线　c）铡切钢丝

常用的钢丝钳规格有150mm、175mm和180mm三种。

使用钢丝钳时要注意：

1）首先检查绝缘套是否完好。

2）在使用电工钳剪切带电导线时，不能将相线和零线或不同相的相线放在一个钳口内同时切断。

3）钳头不能作为撬杠或锤子使用。

4）爱护绝缘套柄。

4. 尖嘴钳

尖嘴钳由钳头和钳柄组成，其头部细长成圆锥形，能在狭小的工作环境中夹持轻巧的工件或线材，也能剪切、弯折细导线。尖嘴钳的外形及其使用如图3-6所示，其绝缘柄的耐压等级为500V。

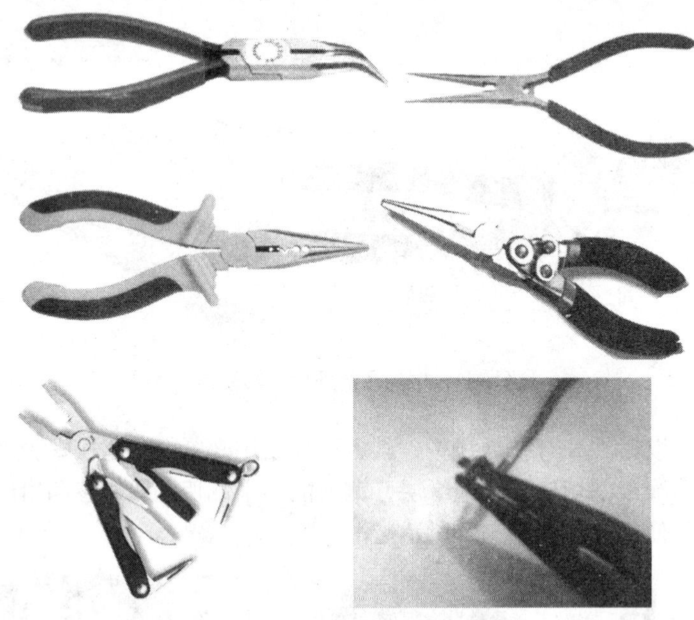

图 3-6 尖嘴钳及其使用

尖嘴钳根据钳头的长度可分为短钳头（钳头为钳子全长的 1/5）和长钳头（钳头为钳子全长的 2/5）两种。常用的规格有 130mm、160mm、180mm、200mm 四种。

5. 剥线钳

剥线钳是由钳头和手柄两部分组成的，而钳头又是由压线口和切口两部分组成的，它是电工剥削导线绝缘层的专用工具，其钳头的切口处分布有直径为0.5～3mm 的多个切口，能适应不同规格的导线。剥线钳的外形及其使用如图 3-7 所示。在使用剥线钳时要注意切口不能小于被切导线的直径，以免剥伤线芯。

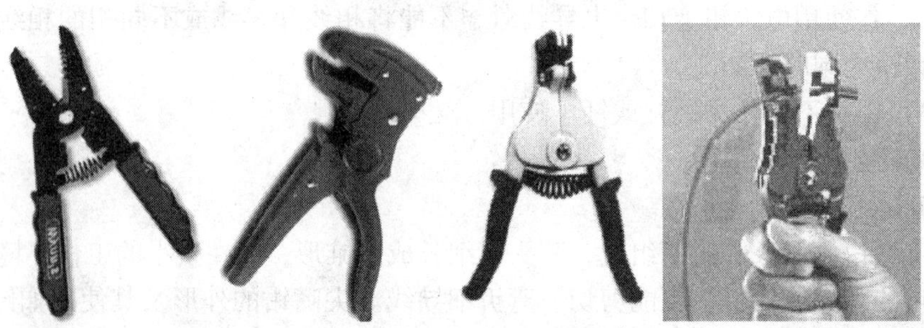

图 3-7 剥线钳的外形及其使用

6. 锤子

锤子是由锤头、锤柄和楔子组成的，其外形如图 3-8 所示。锤子的规格以锤头的重量来区分，常用的有 0.25kg、0.5kg 和 1.0kg 等几种。锤子的锤柄一般是用比较坚韧的木材制成的，长度一般在 300～350mm。为了防止锤头脱落，一般都要将带有倒刺的斜楔打入锤柄顶端。无论哪一种规格的锤子，锤头孔都要做成椭圆形，而且孔的两端都比中间大，呈凹鼓形，这样做的目的就是为了装紧锤柄。

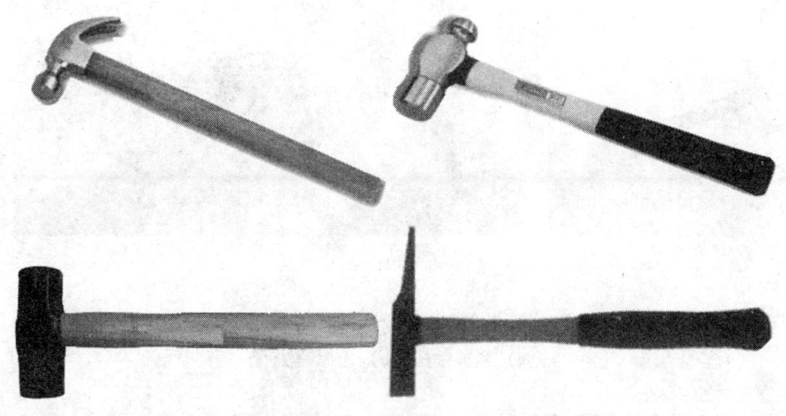

图 3-8　锤子的外形

使用锤子时，为了使锤击有力，应握在手柄的末端。锤击时应对准工件，并使锤头整个表面与其接触，以免损坏锤面和工件（见图 3-9）。

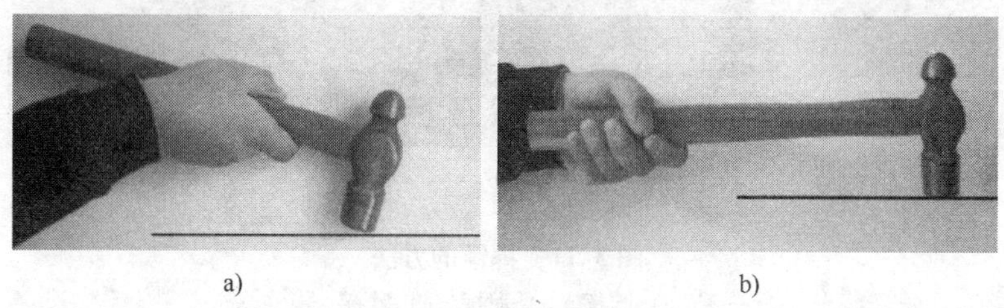

a)　　b)

图 3-9　锤子的使用

a）错误的击锤方法　b）正确的击锤方法

锤子的握法有紧握和松握两种，如图 3-10 所示。

挥锤的方法有腕挥、肘挥和臂挥三种。腕挥是依靠手腕的动作进行锤击，采用紧握法握锤；肘挥是依靠手腕和肘部一起挥动，要采用松握法握锤，锤击力较大；臂挥是手腕、肘部和全臂一起挥动，锤击力最大。挥锤的方法如图 3-11 所示。

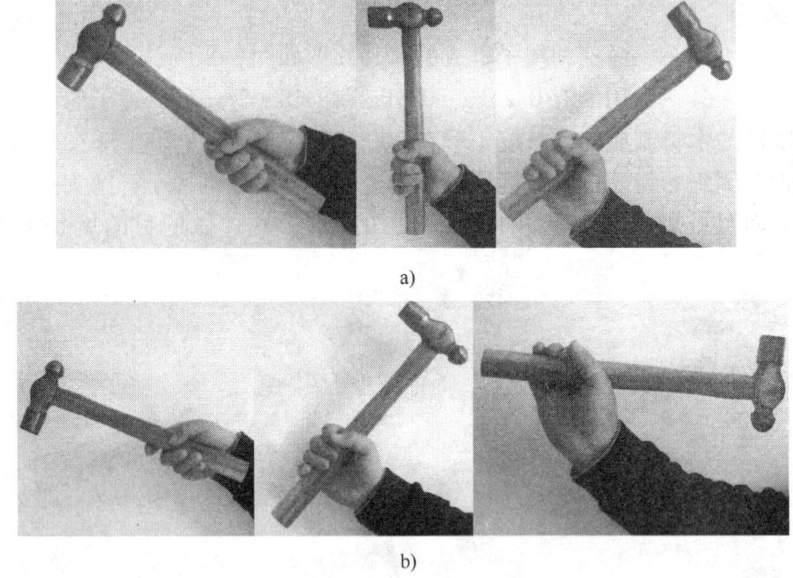

a)

b)

图 3-10 锤子的握法

a）紧握锤法 b）松握锤法

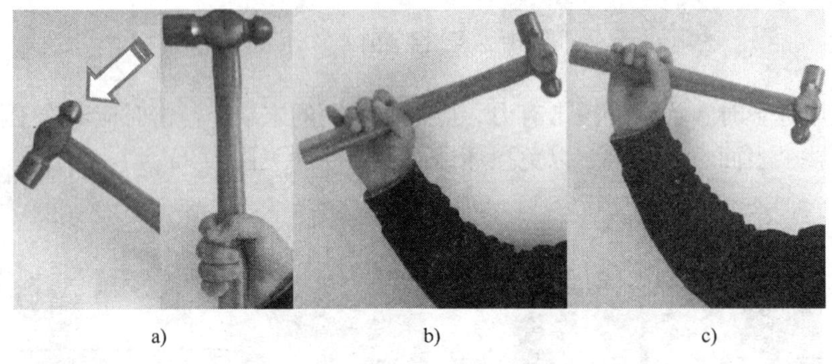

a) b) c)

图 3-11 挥锤的方法

a）腕挥 b）肘挥 c）臂挥

7. 活扳手

活扳手是一种用来紧固或起松螺栓的工具，由头部和柄部组成。其中，头部又是由活扳唇、呆扳唇、扳口、蜗轮和轴销等组成的，如图 3-12 所示。

在使用活扳手时，应将扳唇压紧螺栓的平面。扳动大螺母时，手应握在近柄尾处。扳动较小的螺栓时，应握在接近头部的位置。使力时手指要随时旋调蜗轮，收紧活扳唇，以防置打滑。活扳手不能反用，以免损坏活扳唇，更不可用钢管接长手柄施加较大的力矩。另外，活扳手也不能当撬棍或锤子使用。在扳动生

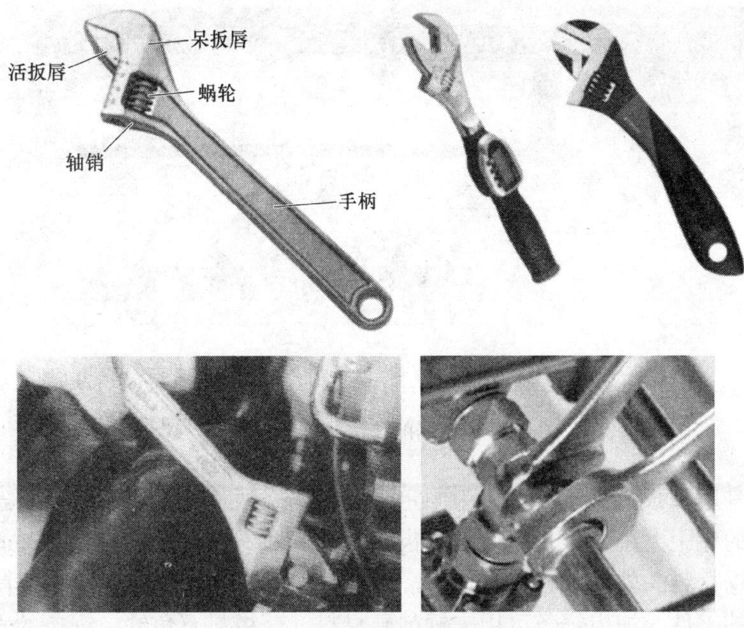

图 3-12 活扳手及其使用

锈的螺母时，可在螺母上滴几滴煤油或机油，这样就容易拧动了。

活扳手的规格是用长度 × 最大开口宽度（mm）来表示的，常用的规格有 150mm × 19mm、200mm × 24mm、250mm × 30mm 和 300mm × 36mm 等几种，前面的数字表示扳手总长度，后面的数字表示开口最大尺寸。

8. 钢锯

钢锯是用来切割电线管的工具，如图 3-13 所示。

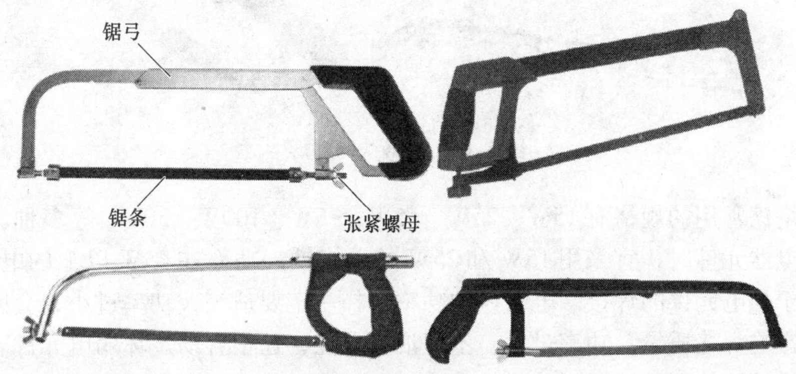

图 3-13 各种钢锯

钢锯的握法及锯条的安装如图 3-14 所示。

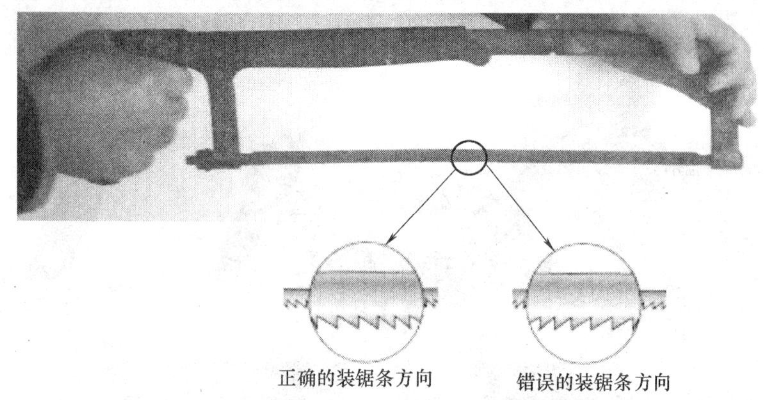

图 3-14 钢锯的握法及锯条的安装

锯弓是用来张紧锯条的，分为固定式和可调式两种，常用的是可调式。锯条根据锯齿的牙距大小，分为粗齿、中齿和细齿三种，常用的规格为 30mm。锯条应根据所锯材料的软硬、厚薄来选用。一般情况下，粗齿锯条可用来锯削软材料或锯缝长的工件，细齿锯条可用来锯削硬材料、薄板料及角铁。锯条的安装可按加工需要，将锯条装成直向的或横向的，且锯齿的齿尖方向要向前，不能反装。锯条的绷紧程度要适当，若过紧，锯条会因受力而失去弹性，锯削时稍有弯曲，就会绷断；若安装过松，锯削不但容易弯曲造成折断，而且锯缝也易外斜。

9. 电烙铁

电烙铁是锡钎焊的热源，其外形如图 3-15 所示，通常以电热丝作为热元件。

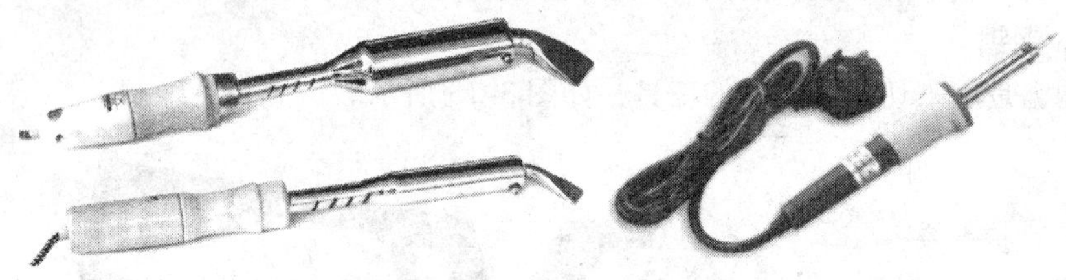

图 3-15 电烙铁的外形

电烙铁常用的规格有 15W、25W、45W、75W、100W、300W 等多种。焊接小功率电器元件时，宜采用 15W 和 25W 的电烙铁。功率在 45W 以上的电烙铁，通常用于强电元件的焊接。电烙铁的功率选择一定要适当，功率过小，会因热量不够而影响焊接质量；功率过大，不但浪费电能，还很容易烧坏弱电元件。

电烙铁的使用禁忌包括：

1）在用电烙铁焊接前应先用电工刀、砂纸或钢锉等将被焊工件的焊接处打磨干净，然后涂上钎焊剂。

2）电烙铁功率大小按焊接对象来选择。焊接工件较大者，要选功率大的电烙铁，电烙铁电功率一般为20～500W，使用时禁止选用功率过大或过小的电烙铁。电烙铁的型号和规格见表3-1。

表3-1 电烙铁的型号和规格

结构	规格/W	加热方式
内热式	20、35、50、70、100、150、200、300	电热元件插入铜头空腔内加热
外热式	30、50、75、100、150、200、300、500	铜头插入电热元件内腔加热

3）焊接点必须焊牢、焊透，锡液必须充分渗透，焊接处表面应光滑并有光泽，不能有虚假焊点或夹生焊点。虚假焊就是焊件表面没有充分镀上锡，焊件之间没有被锡固定住，造成这种现象的主要原因是由于工件表面的氧化层没有清除干净或钎焊剂用得过少。夹生焊就是锡并未完全熔化，焊件表面的焊晶粗糙，焊点强度很低，造成这种现象的主要原因是烙铁温度不够或烙铁焊头在焊点停留的时间过短。

4）电烙铁在使用过程中要轻拿轻放，不能敲击，以免损坏内部发热元件。

5）使用中的电烙铁不能任意乱放，并应避免易燃、易爆的物体，以防引起火灾。

6）电烙铁头应经常保持清洁，使用中可常在石棉毡上擦几下以除去氧化层。电烙铁使用久了，烙铁头表面可能出现不能上锡（“烧死”）现象，此时可用刮刀刮去锡钎焊，再用锉刀清除表面黑灰色的氧化层，重新浸锡。另外，如果烙铁头由于长期使用而出现凹坑时，为了不影响正常焊接，此时可用锉刀对其整形，加工到符合要求的形状再使用。

7）不能将暂停使用的电烙铁头朝下放在烙铁架上，这是因为：

① 热量向上走，使烙铁头温度降低，不利于下次使用。

② 由于热量向上走，使烙铁心和手柄过热，甚至烧坏手柄。

③ 烙铁头会烫坏工作台，甚至引发火灾。

10. 喷灯

喷灯能达到1000℃的高温，是火焰钎焊的热源。常用来焊接铅包电缆的铅包层，大横截面积铜导线连接处的搪锡，以及其他电连接表面的防氧化镀锡等，喷灯的结构如图3-16所示。

1）喷灯的使用方法。

① 首先检查喷灯是否完整，有无缺陷，能否正常使用。

② 给喷灯注油至2/3处并拧紧加油孔螺栓。

③ 在预热燃烧盘中倒入少量油，并用棉丝蘸油后置于盘中点火预热3min。

④ 打气5次左右，慢慢松开放油调节阀喷油雾点火，再次打气，并调整火

焰至需要大小，火焰过大或过小都会影响焊接质量。并应防止喷灯烧坏工件的绝缘部分，如有需要应采取必要的隔热措施，如垫石棉纸或裹上耐火泥等。

⑤ 喷灯用完后应先关紧放油调节阀，火熄灭后才能缓慢地松开加油孔螺栓放气。

⑥ 将喷灯擦拭干净后，放在工具匣中以备下次使用。

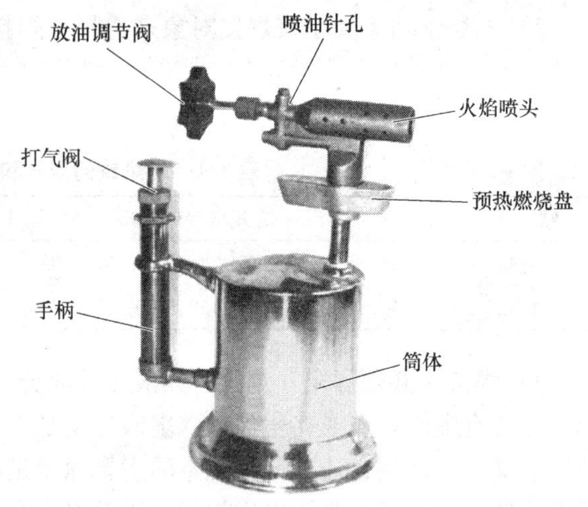

图 3-16 喷灯的结构

2）喷灯使用的注意事项。

① 使用的喷灯绝对不能漏油。

② 不能在煤油喷灯中加入汽油，也不能在汽油喷灯中加入煤油，必须按照喷灯的使用说明加装原来的油。

③ 使用汽油喷灯时应特别注意，加注汽油时必须熄火。慢慢将加油阀上的螺栓旋松，听到放气声后就不要再拧螺栓了，这是因为汽化后的汽油会从加油阀上喷出。等气放完后，才能打开盖注油。注油时喷灯周围严禁有明火。

④ 打气压力不能过高，有小压力表的指针不能越过红线。打完气后，应将打气柄卡在泵盖上。

⑤ 使用过程中，油桶内的油量不能小于油桶容积的1/4。否则油桶会因过热而发生事故。

⑥ 应准备必要的灭火装置放在一旁。

11. 低压验电器

低压验电器有氖管发光指示式和数字显示式两种，如图 3-17 所示。

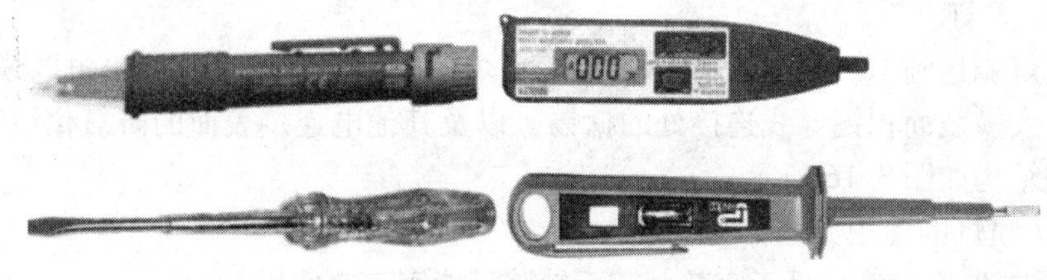
图 3-17 低压验电器

使用验电器必须按照图 3-18a 所示的正确姿势握笔。

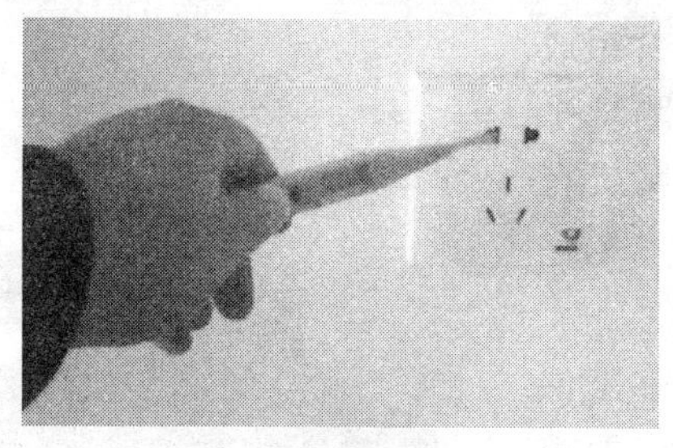
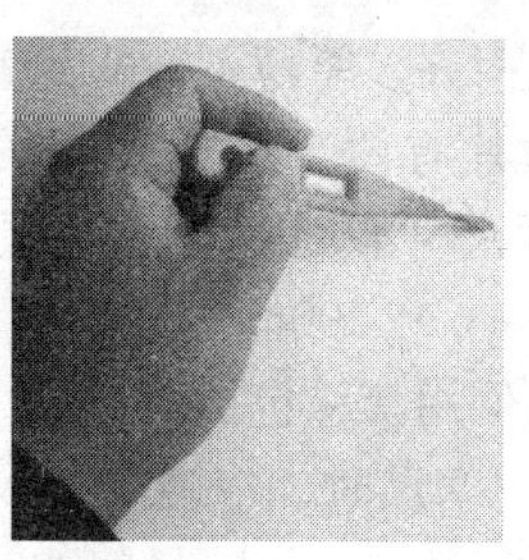

a)

b)

图 3-18　低压验电器的握法

a）正确的握法　b）错误的握法

在使用氖管发光指示验电器时，要用食指触及笔尾的金属体，笔尖触及被测物体，使氖管小窗背光朝向自己。当被测物体带电时，电流经电笔、人体导向大地形成通电回路。带电体与大地之间的电位差超过 60V，电笔中的氖管就会发光，电压越高发光越强，电压越低发光越弱。在使用数字式测电器验电时，其握笔方法与氖管指示式电器相同，并且电位差在 2 ~ 500V 之间时，电笔就能显示出来。

低压验电器的使用禁忌包括：

1）使用前应在有电的部位检查一下验电器是否正常，禁止盲目不经验证就直接使用。

2）低压验电器禁止在 500V 以上电压时使用，电压超过 500V 时可能使操作者触电而遭到电击。

3）禁止用低压验电器测 60V 以下电压。因为此时氖管不发光或发微弱光，会被误认为没有电，容易造成触电事故，所以低压验电器应在 60 ~ 500V 之间使用。

12. 塞尺

塞尺是检验结合面之间间隙大小的片状量规，如图 3-19 所示。

塞尺是由许多厚薄不一的薄钢片组成的，每个薄片有两个互相平行的测量平面，其厚度尺寸较准确，常用的塞尺有50mm、100mm和200mm三种。

图3-19　塞尺

塞尺的使用禁忌包括：

1）使用塞尺时，应清除塞尺和工件上的污垢。用数片塞尺测量间隙时，要求各重叠塞片充分紧贴以使测量结果准确，禁止测量温度较高的工件。

2）在测量电动机气隙间隙时，禁止将塞尺片插在槽楔上，应插在定、转子铁心齿之间，否则测量不准确。

3）在用几片塞尺测量时，在把塞尺插入气隙中时，应感觉松紧合适，并且是顺轴向方向插入的，否则会产生误差。禁止硬插，以免使塞尺弯曲或折断。

4）禁止使用有卡滞或松动现象的塞尺。塞尺片与保护板连接应能使塞尺片绕轴心平滑转动。

5）塞尺使用完毕后，应将表面上擦拭干净并涂防锈油，放入专用保护盒内保存。

6）在通电电磁铁上测量铁心气隙时，禁止使用磁性材料的塞尺，必须采用铜质或环氧树脂片制作的非磁性材料的塞尺。

13. 水平仪

水平仪（见图3-20）的底平面为工作面，中间制成V形槽，以便安装在圆柱面上测量水平。当水准器内的气泡处于中间位置时，水平仪便处于水平状态；当气泡偏移中间位置时，水平仪则处于倾斜状态，并且气泡靠近的一端位置较高。

图3-20　水平仪

水平仪的使用方法是：

1）测量前应检查水平仪的零位是否正确。

2）被测表面必须清洁。

3）必须在水准器内的气泡完全稳定时才可读数。

4）水平仪的示值，应在垂直于水准器的位置上读取。

水平仪的精度，用气泡每偏移一格，被测表面在1m内的倾斜高度差表示。如精度值为0.02mm/1m的水平仪，表示气泡每移动一格，被测长为1m工件两端的高低差为0.02mm。

常用水平仪的精度见表3-2。

表3-2 水平仪的精度

精度等级	Ⅰ	Ⅱ	Ⅲ	Ⅳ
1m内的倾斜高度差/mm	0.02～0.05	0.06～0.10	0.12～0.20	0.25～0.30

被测工件两点的高度差可按下式计算

$$H = NL\alpha$$

式中 H——两支点间在垂直面内的高度差（mm）；

N——气泡偏移格数；

L——被测工件的长度（mm）；

α——水平仪的精度。

14. 百分表

电工维修时常用百分表测量转轴、集电环、换向器等外圆尺寸和形位公差，如图3-21所示。

图3-21 百分表

百分表的使用禁忌包括：

1）禁止使用有缺陷的百分表。使用前要检查百分表，确保其不存在缺陷。用手轻轻上下左右晃动测杆，观察指针变化是否正常，其左右变化不应超过分度值的1/2。

2）禁止使用球面测头磨损的百分表。

3）禁止错误使用百分表。

使用时，将百分表安装在磁性表架上，然后转动表圈4和连在一起转动的表盘5，使“0”分度线与指针对齐，就可以使用了。

测量时，应轻轻提起测头，慢慢地放在被测工件的表面上，使测头与工件接触，指针便会指出数值。比如测量转轴外圆径向跳动量时，当指针指出最大值和最小值时，两数值之差便是转轴径向跳动量。图3-22所示是用百分表测轴径向跳动量。

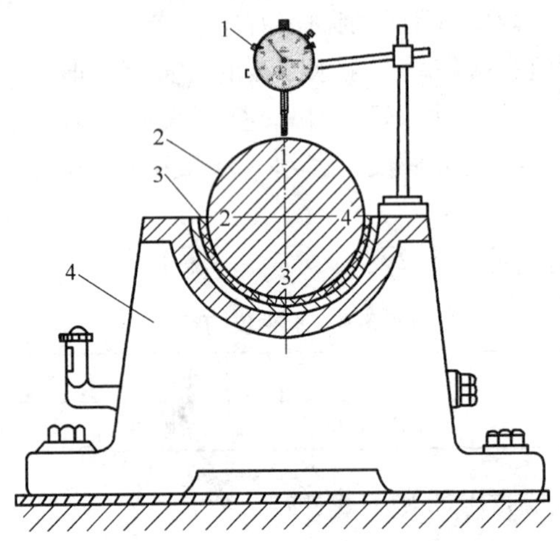

图3-22 用百分表测量轴径向跳动量

1—百分表 2—轴 3—轴瓦 4—瓦座

4）严禁测毛坯件和坚硬粗糙的表面。

5）测量时，禁止将百分表悬臂伸出太长，长度应尽量短。

6）测量时，测杆的轴线应垂直于被测表面的法线方向。

7）当测头与工件表面接触时，测杆应有约1mm的压缩量，以保持一定的起始测量力。

8）百分表应牢固地装夹在表架上，严禁夹紧力过大，以免使装夹套筒变形卡住测杆，影响测杆灵活移动。

15. 游标卡尺

游标卡尺是一种中等精度的测量量具，可以直接测量出工件的外径、内径和深度尺寸。游标卡尺游标的分度等级有0.1mm、0.05mm、0.02mm三种。

如图3-23所示为游标卡尺及其结构。从图3-23中可以看出，游标卡尺主要是由尺身、游标、紧固螺钉、深度尺、刀口内测量爪和外测量爪等组成的。

在游标卡尺的尺身宽平面上刻有刻线，活动的刀口内测量爪和外测量爪与游标固定为一体，由紧固螺钉控制，与尺身保持良好接触，并沿尺身平稳滑动，紧固螺钉能把游标固定在尺身的任意位置上。

游标卡尺可以用来测量工件的宽度、外径、内径和深度尺寸。如图3-24所示是游标卡尺的使用。

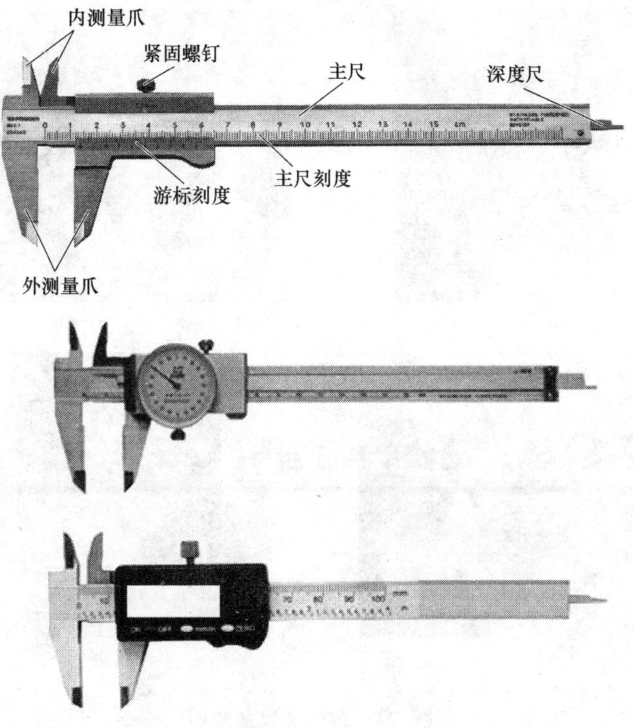

图 3-23　游标卡尺及其结构

游标卡尺操作禁忌如下：

1）严禁测量粗糙的毛坯表面，以防磨损量爪。

2）严禁作为其他工具使用，如敲打等。

3）严禁使用不合格的游标卡尺，如无弹簧片的游标卡尺等。

4）使用游标卡尺的方法一定要正确。

5）禁止用刀口测量，因为刀口与工件接触面小，容易歪斜，并会使刀口磨损，从而影响游标卡尺的使用寿命。

6）读数时要防止视觉误差，要正视，禁止旁视。

7）量爪卡住被测物体时，松紧要适当，读数前要旋紧紧固螺钉，禁止游标移动。

8）使用完毕后，把游标卡尺放在专用盒内，禁止与其他工具叠放在一起。

9）游标卡尺禁止放在火炉边、太阳下、强磁场旁，并禁止用手触摸测量面，以免手上的汗渍、油污损坏卡尺。

16. 外径千分尺

外径千分尺是一种精密量具，它的测量精度要比游标卡尺高。对于尺寸精度要求较高的工件，可以用外径千分尺测量。

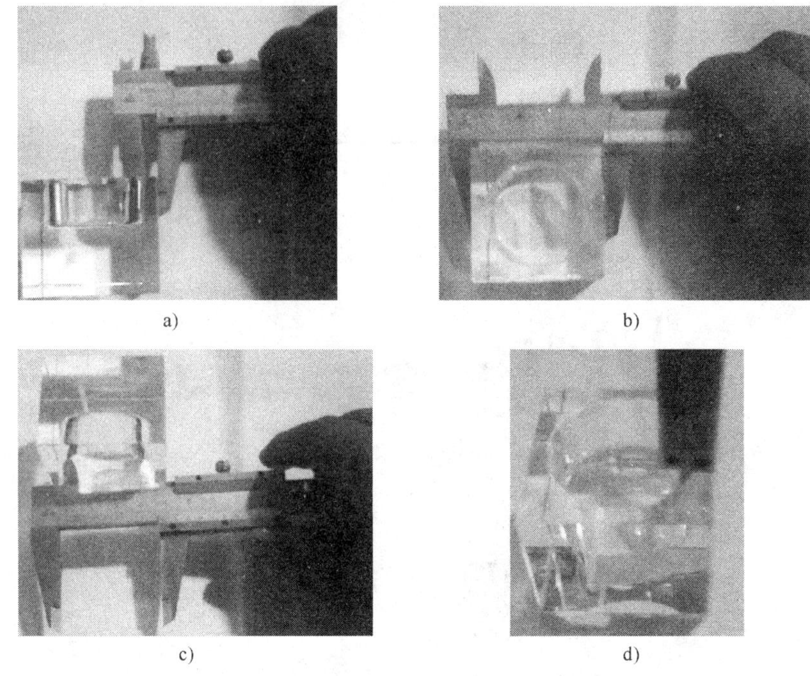

图 3-24　游标卡尺的使用

a）测量工件宽度的方法　b）测量工件外径的方法

c）测量工件内径的方法　d）测量工件深度的方法

如图 3-25 所示为外径千分尺及其结构，外径千分尺主要是由弓架、固定测砧、活动测轴、固定套筒、制动销、微分筒、测力轮等几部分组成的。

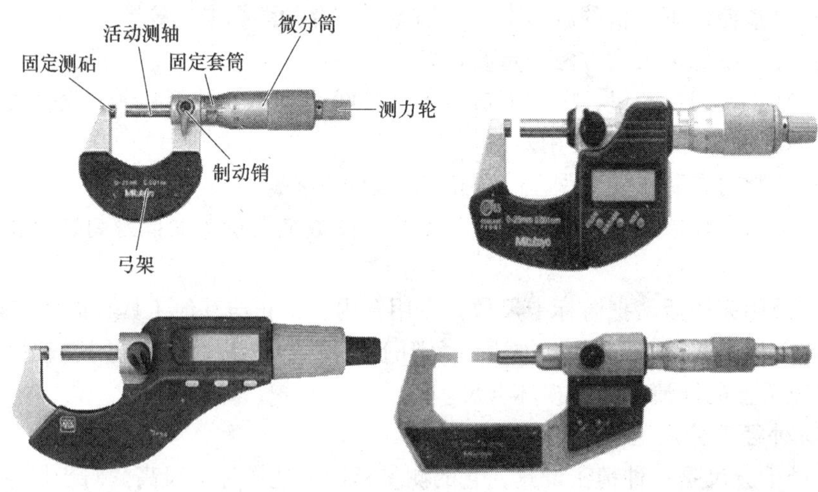

图 3-25　外径千分尺及其结构

其中，弓架是外径千分尺的基础构件，其他部件都装在它的上面。当转动微分筒时，活动测轴就会移动，直至与工件贴合，这时再转动测力轮就可以控制活动测轴对工件施加的测量力并保持恒定，这样就可以避免由于测量力的不同而产生测量误差。在必要时，还可以扳动制动销将活动测轴锁紧在任一位置。

外径千分尺的使用方法：

1）首先要将外径千分尺的工作面和被测工件的被测面擦拭干净，然后再校准零位。

2）用单手或双手握持外径千分尺，先转动活动套筒，当外径千分尺的测量面一接触工件表面时就转动测力轮。当测力轮发出“嗒嗒声”时，应停止转动，此时就可以读取数值了。

3）外径千分尺的读数方法一般分为三步。

第一步：首先读出固定套筒上所露出的刻线数值，就是被测尺寸的毫米数和半毫米数，如图3-26所示的读数为5.5mm。

第二步：读出微分筒上与固定套筒的基准线对齐的那条刻线的数值，就是不足半毫米部分的测量值，如图3-26所示的读数为0.25mm。

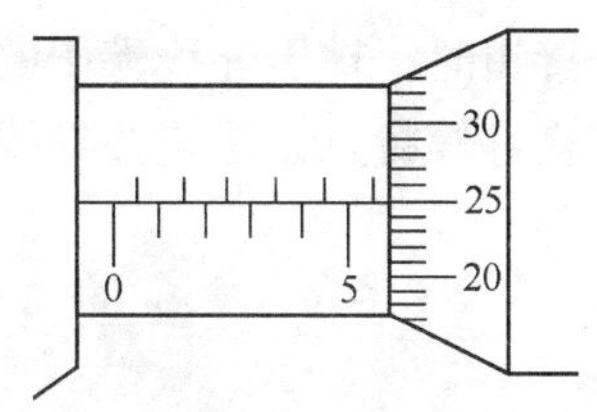

图3-26　外径千分尺的读数方法

第三步：把两个数值加起来就是测得的实际尺寸的数值，如图3-26所示的测量值为5.5mm+0.25mm=5.75mm。

4）严禁在毛坯工件上、正在运动着的工件上或过热的工件上进行测量，以免损坏外径千分尺的精度或影响测得的尺寸精度。

5）在读取测量数值时，应注意观察固定套筒上中线之间的刻线位置，防止多读或少读0.5mm而造成废品。

外径千分尺的测量操作禁忌包括：

1）禁止采用一种规格外径千分尺测量各种工件，应根据被测尺寸大小和公差等级，选择外径千分尺的规格和精度级别。选用不同精度级别的外径千分尺时，可参阅表3-3。

表3-3　不同精度级别的外径千分尺对应的尺寸公差等级

外径千分尺精度级别	被测尺寸公差等级	
	适用范围	合理使用范围
0级	IT5～IT11	IT8～IT16
1级	IT7～IT12	IT7～IT16
2级	IT8～IT11	IT9～IT10

2）在使用外径千分尺时，应手握隔热装置，禁止直接握住尺架，避免热传导引起的误差。

3）禁止用外径千分尺测量毛坯件和运动中的工件，以防磨损外径千分尺工作面。

4）禁止在外径千分尺的微分筒和固定套管之间加酒精、柴油和润滑油。

5）防止脏物浸入外径千分尺的测微螺杆内。

6）使用外径千分尺时禁止用力过大或撞击，以免外径千分尺损坏。

7）禁止将外径千分尺放在温度较高、湿度较大的场所。

8）禁止将外径千分尺与其他工具混放在一起，要放在专用盒内。

17. 压接钳

压接钳的型号较多，常见的有机械式和液压式两种，如图3-27所示。在使用压接钳时，被压导线端子的规格应与钳口的规格一致。压接钳具有操作方便、连接良好等特点，是连接导线或端子的必备工具。

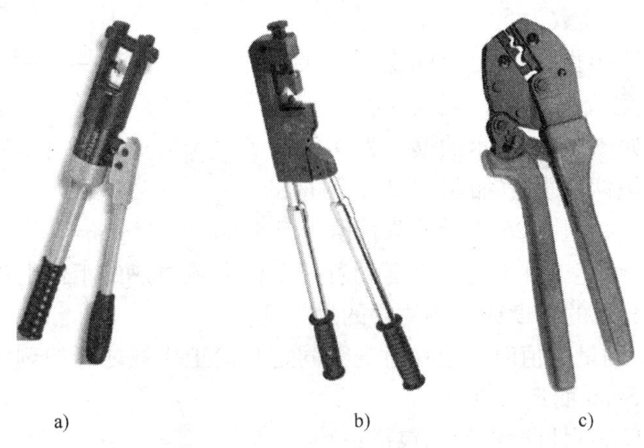

a)　　b)　　c)

图3-27　压接钳

a）液压压接钳　b）机械式压接钳　c）冷压钳

压接钳的使用方法如下：

1）清除导线连接部位的污垢，用汽油洗净，再抹上中性凡士林油，线端应用 $\phi1\sim\phi2$mm 镀锌铁线绑扎10mm。

2）选用与导线规格相应的接线管，并检查其有无缺陷，然后用汽油洗净，并画好压点位置。

3）将导线和衬垫插入连接管内，衬垫应在两根导线之间，导线各露出管口20mm为宜。

4）按照导线规格选择合适的压模装在钳口上，并将插入导线的连接管放在压模口内起动压钳，按规定的顺序和标定位置压挤导线，压后应停留 30s，直到压完。在压第一模时应检查其凹深程度，合格后再压。另外，压接钳的压模分铝绞线、铜绞线和钢芯铝绞线三种，规格应与导线对应，要选择正确。

5）压好后要清除飞边、毛刺，然后在连接管处涂防锈漆。管口部位不要有损伤，不合格时要锯断重新压接。

压接钳的压接步骤如图 3-28 所示。

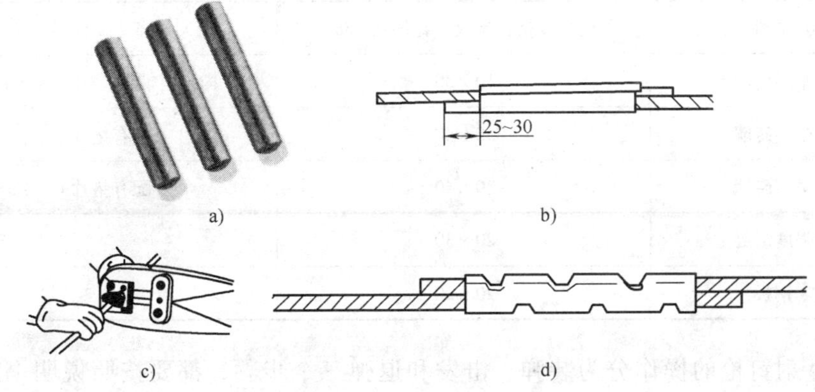

图 3-28 压接钳的使用

a）压接管 b）穿进压接管 c）压接 d）压接后的铝芯线

18. 射钉枪

射钉枪是一种很方便的设备安装工具，如图 3-29 所示。其原理就是利用火药爆炸产生的高推力将尾部带有螺纹或其他形状的钢钉射入混凝土砖墙或钢板内，起固定和悬挂作用。

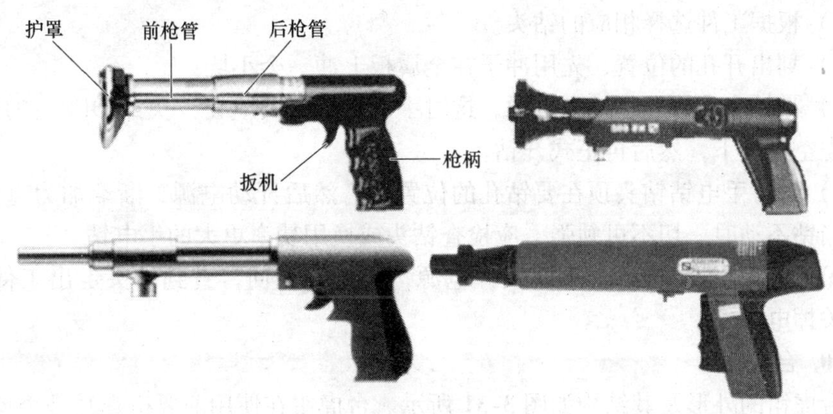

图 3-29 射钉枪

射钉枪所有的射钉直径多为3.9mm，尾部螺纹有M4、M6、M8等几种，弹药也有弱、中、强三种。

射钉枪的使用方法是：

1）根据被固定件的重量以及构件（建筑物、钢板等）的强度选择子弹和射钉，可根据表3-4选取。

表3-4 射钉枪器弹的选择规格

构件性质	射钉规格：螺纹×钉体长/mm	备注
坚实砖墙	10×30	内外有螺纹，内螺纹M4
坚实砖墙	50×40	配有垫片
坚实砖墙	30×40	配有垫片
中强度混凝土	20×30	
钢板	20×20	

2）射钉枪的操作分为装弹、击发和退弹三个步骤，都要按照说明书进行操作。

3）射钉枪应垂直于工作面后才能扣动扳机。

4）不能在凹凸不平或易碎的物体上使用射钉枪。射钉枪严禁对人设计，被作业面的后面也严禁站人。

19. 手电钻

手电钻是一种应用非常广泛的电动工具，如图3-30所示为常用手电钻的外形及其结构。手电钻的使用方法是：

1）根据工件选择相应的钻头。

2）划出开孔的位置，先用冲子在金属板上冲一个小坑。

3）将钻头夹好后，插上电源，这时手电钻的开关应在“关或OFF”的位置上，先空试一下，然后再正式开钻。

4）先将手电钻钻头顶在要钻孔的位置上，然后开动电源，渐渐加力直到钻透。当钻不动时，切不可勉强，应检查钻头或换用功率更大的手电钻。

5）当工件被钻透后，不要关掉电源，应慢慢退回，直到钻头走出工件外，才能关掉电源。

20. 台虎钳

台虎钳的外形及其结构如图3-31所示。台虎钳在使用前要检查其是否良好，确保锁紧螺钉不可松动。

台虎钳的操作禁忌包括：

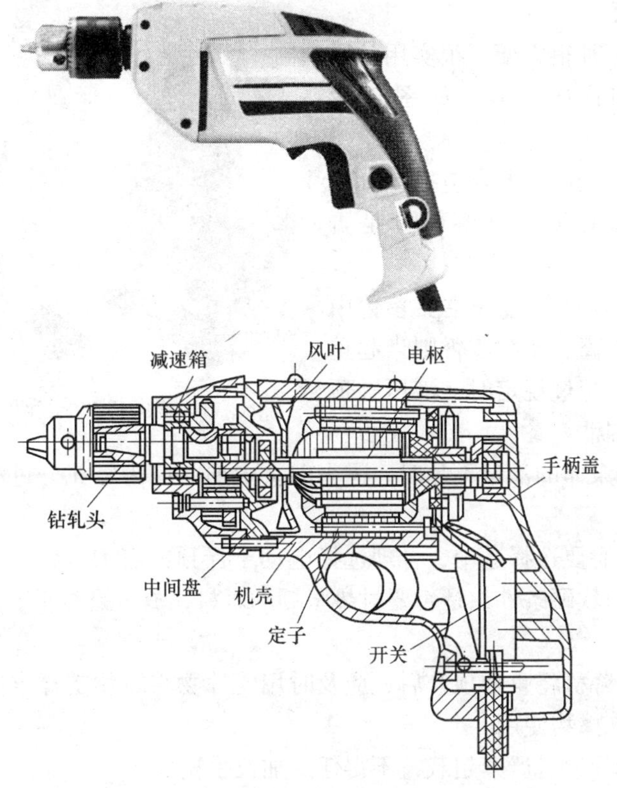

图 3-30　常用手电钻的外形及其结构

1）使用前要将台虎钳清理干净，各部件应齐全。

2）用手转动手柄夹紧工件时，禁止用锤子敲打手柄，以防损坏丝杠和钳身。锁紧螺钉不可松动。

3）台虎钳相对滑动部位要定期加润滑油保养。

4）禁止在活动钳身的光滑平面上敲击工件，以免降低它与固定钳身的配合性能。

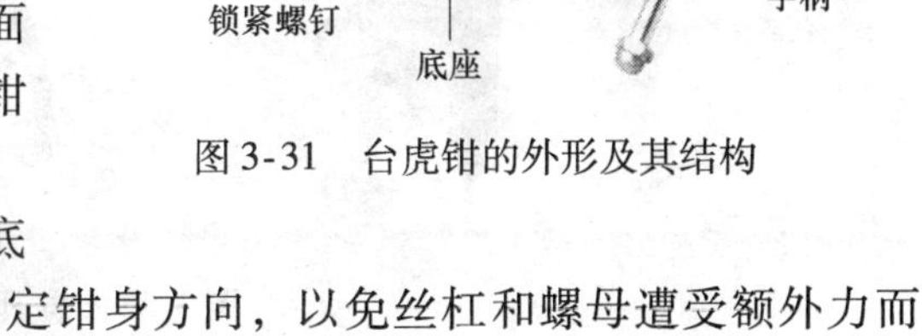

图 3-31　台虎钳的外形及其结构

5）台虎钳必须牢固地固定在底座上，操作时，作用力方向朝向固定钳身方向，以免丝杠和螺母遭受额外力而损伤。

21. 千斤顶

千斤顶是一种很方便、很实用的手动小型起重和顶压工具，如图 3-32 所示。

图 3-32 千斤顶

千斤顶的安全使用要求包括：

1）使用前必须检查各部分是否正常。

2）使用时应严格遵守主要参数中的规定，切忌超高、超载，否则当起重高度或起重吨位超过规定时，液压缸顶部会发生严重漏油。

3）如手动泵体的油量不足时，需先向泵中加入应为经充分过滤后的液压油才能工作。

4）重物重心要选择适中，合理选择电动千斤顶的着力点，底面要垫平，同时要考虑到地面软硬条件，是否要衬垫坚韧的木材，放置是否平稳，以免负重下陷或倾斜。

5）液压升降机将重物顶升后，应及时用支撑物将重物支撑牢固，禁止将电动千斤顶作为支撑物使用。

6）使用千斤顶时严禁超载，不得任意加长手柄。

7）千斤顶的存放要保持清洁，避免泥沙污物进入体内。

22. 拉具

拉具主要用于拆卸带轮、联轴器和轴承等，如图 3-33 所示。

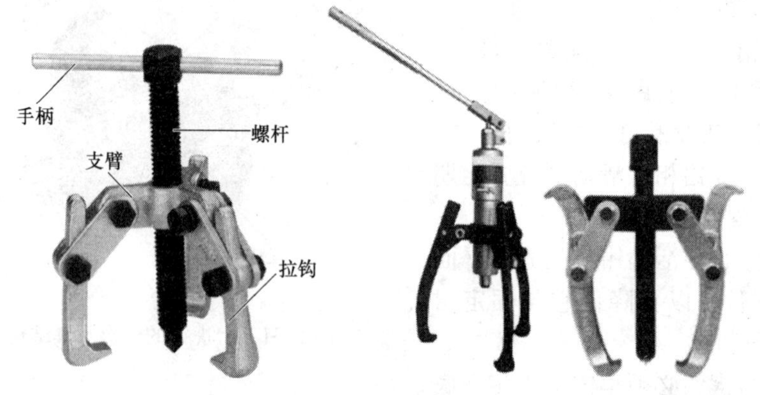

图 3-33 拉具

拉具的使用禁忌包括：

1）螺杆中心线应与被拆物中心线重合，拉钩应与螺杆平行，且两拉钩与螺杆的距离要相等。

2）两拉钩长度要相等。

3）拉钩应拉在被拆物的允许受力处，如轴承内圈。

4）手柄转动时用力要均匀，拆不下来时禁止硬拆，可在连接配合处涂上润滑油或松脱剂，如果仍拆不下来，可用火快烤轴承或联轴器，但禁止受热处先用蘸冷水的石棉布包上。

23. 锯削

锯削就是用锯对材料或工件进行切割加工的技能。电工常用的锯削工具有型材切割机、转台式斜锯机和钢锯等。

握锯操作的站立姿势如图 3-34 所示。锯削时，两手臂一般作小幅度的上下摆动（也就是右手向前推进时，身体也随之向前倾）。在左右手对锯弓施加压力的同时，左手向上翘，右手向下压；收锯返回时，右手上抬，左手自然跟回。

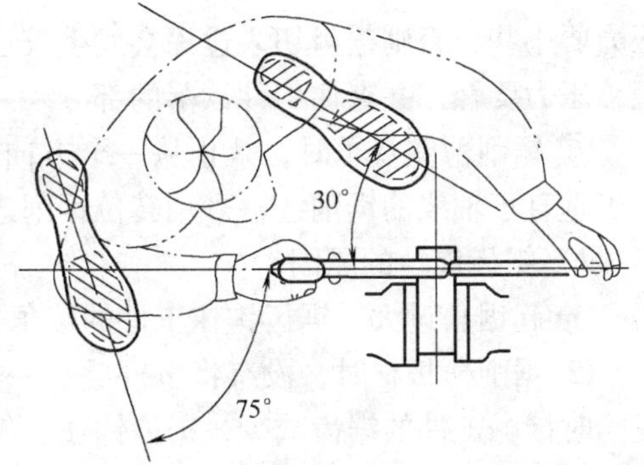

图 3-34 锯削操作的站立姿势

锯削运动的速度要均匀、平稳、有节奏、快慢适度，锯削频率一般为 40 次/min 为宜，硬度高的材料锯削速度可适当慢些，锯削软的材料速度可以稍微快些。

1）锯削操作禁忌。

① 要根据锯削材料软、硬性和形状选用锯条规格。锯条的粗细是以锯条每 25mm 长度内的齿数多少或以锯条的相邻锯齿距大小表示的。锯条有细齿、中齿和粗齿三种。锯削软性材料（铜、铝）宜选用粗齿锯条；锯削硬性材料（高碳钢）或薄壁工件时，宜选用细齿锯条。

锯削同样长的材料，锯削软性材料时，需要参加锯削工作的齿数少，每个锯齿承担的负荷大，所以宜选用粗齿锯条；反之，锯削硬性材料时，需要参加工作的齿数要多，每个锯齿承担的负荷小，所以宜选用细齿锯条。

② 锯条安装禁止过松或过紧。锯条安装得太松，在锯削时，锯条会发生弯曲，容易断条，锯出的锯缝不直；锯条安装得过紧，因锯条除增加锯削负担之外，还承受附加力，易使锯条折断。所以，在安装锯条时，要调节锯弓上的蝶形螺母使锯条不要过紧或过松。松紧程度可通过手敲锯条或用手扳动锯条检查出来，应感到锯条硬实，有响声。

③ 锯削速度禁止过慢或过快。锯削软性材料时锯削速度可以快些，锯削硬

性材料时，锯削速度要慢些。一般，锯条往复速度以 40 次/min 左右为宜。同时要求锯削速度要均匀，返回时速度可快些。

④ 锯削行程不宜太短。锯削工件时，如果只是局部一些锯齿进行锯削，其余锯齿不参加工作，则会使局部参加工作的锯齿磨损，全部锯齿没有充分发挥作用，使锯条寿命缩短。所以锯削时应尽量利用锯条的全长，一次往复的距离不小于锯条全长的 2/3。

⑤ 锯削工件时，锯条对工件的压力禁止过大或过小。压力加大，可使切削增厚，提高锯削工作效率，但由于压力加大会带来一些问题：使锯条刀齿磨损过快，失去切削能力；易造成锯条扭曲或歪斜，并有夹紧锯条和折断之患。

一般而言，锯削硬性材料时压力可大些，否则不易切入；锯削软性材料时，压力要小些，否则锯齿切入过深会发生咬住现象。快锯空时，速度要慢，行程要短，压力要轻，并夹住工件欲落的部分。

⑥ 锯削薄壁管子时，禁止从一个方向一锯到底。锯削薄壁管子时，事先要划出垂直于轴线的锯削线，采用转位锯削进行锯削。

2）锯齿崩掉的原因。

① 起锯角过大，锯齿钩住工件的棱角处。

② 锯削薄板材时，没有将多件叠在一起锯削或没有用木夹板夹持板料，致使同时接触工件的锯齿减少，锯齿钩住工件；锯削管材时，不转动工件，一口气硬往下锯削，也会出现锯齿钩住工件崩掉锯齿的现象。

③ 工件材质硬度不均匀，锯削过程中锯条突然遇到硬点、硬块或硬杂质。

④ 操作不当，两手用力不均匀或者锯条摆动，使某几个锯齿突然切入工件过多。

3）锯条折断的原因。

① 锯条安装过松或过紧。

② 工件没有夹持牢固，锯削时锯条摆动。

③ 薄板材露出台虎钳的钳口过高，锯削时锯条随工件抖动。

④ 发现锯偏，急于想用锯条纠正锯缝位置，使锯条产生扭曲。

24. 锉削

1）锉削的方法。

握锉刀的方法是：用右手心顶住锉刀柄，大拇指压在锉刀柄的上部位置，自然伸直，其余四指向手心弯曲紧握锉刀柄；左手放在锉刀的另一端，当使用长锉刀的时候，左手的四指自然向下弯曲，协同右手引导锉刀，使锉刀平直运行，如图 3-35 所示。如果使用的是短锉刀，只要用左手的大拇指和食指捏住锉刀端部，将锉刀端平，进行锉削就可以，如图 3-36 所示。

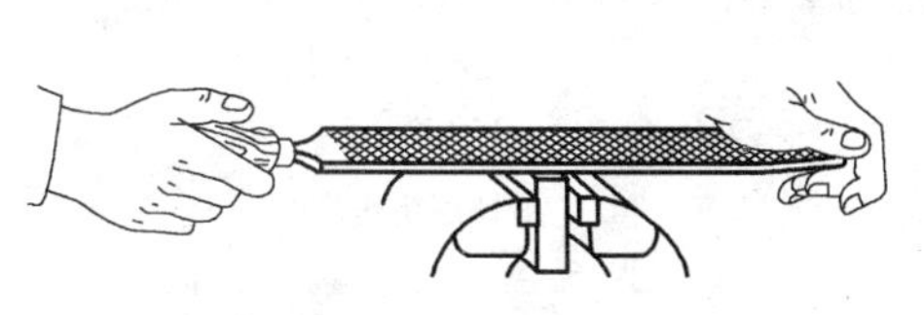

图 3-35　长锉刀的握法

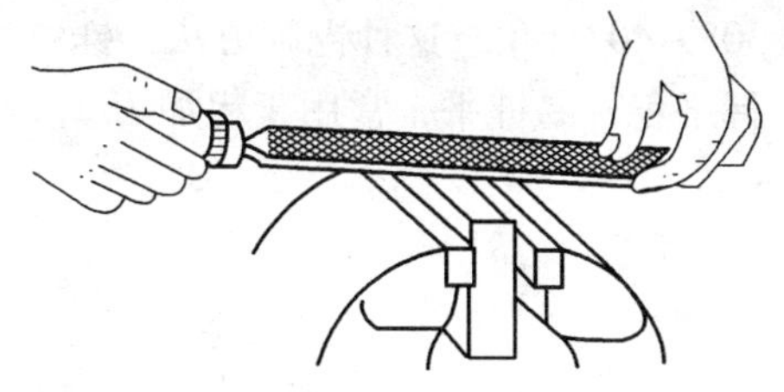

图 3-36　短锉刀的握法

在推动锉刀锉削时，双手施加的压力要适当，以保证锉刀能平直的运动。锉削开始时左手施加大压力，右手施加小压力，使锉刀平稳的向前运动，如图3-37a所示；随着锉刀向前运动，行程增加，左手施加压力逐渐减小，右手施加压力逐渐增大，当锉刀行至1/2行程时，左、右手施加的压力基本相同，锉刀处于水平状态，如图3-37b 所示；当锉刀的锉削行程结束，锉刀即将返回的一瞬间，右手施加压力增之最大，而左手施加压力减为最小，此时锉刀仍保持水平状态，如图3-37c 所示；当锉刀返回时，双手不加压力或双手将锉刀抬起，离开工件，快速返回起始位置，准备下一次的锉削，如图3-37d 所示。

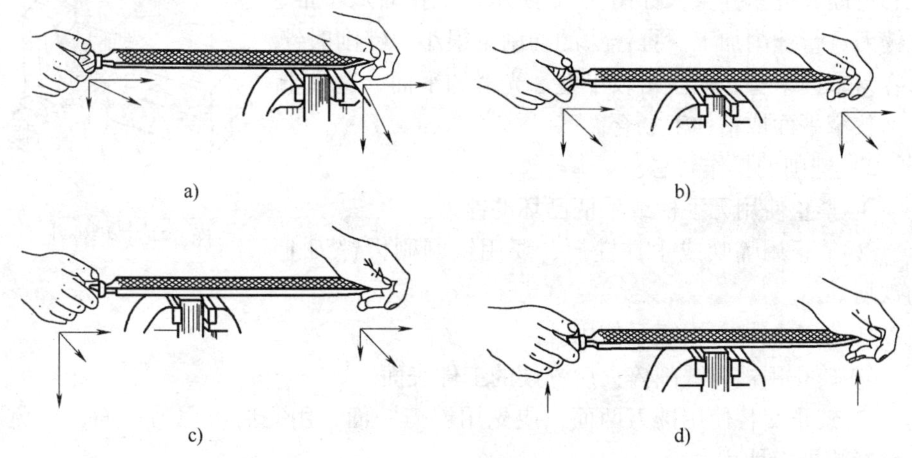

图 3-37　锉削平面双手用力方法

a）锉削开始　b）锉削中程　c）锉削终结　d）锉刀返回

锉削的基本方法有：顺锉法、交叉锉法和推锉法三种。

① 顺锉法。如图 3-38 所示，顺锉法是锉刀运动方向与工件夹持方向始终一致，在每锉完一次返回时，将锉刀横向作适当移动，再做下一次锉削。这种锉削方法，锉纹均匀一致而美观，常用于精锉。

② 交叉锉法。如图 3-39 所示，交叉锉法是锉刀运动方向与工件夹持方向呈

30°～40°夹角。这种锉削方法，锉纹交叉，锉刀与工件接触面积大，锉刀容易掌握平稳，易锉平，常用于粗加工。

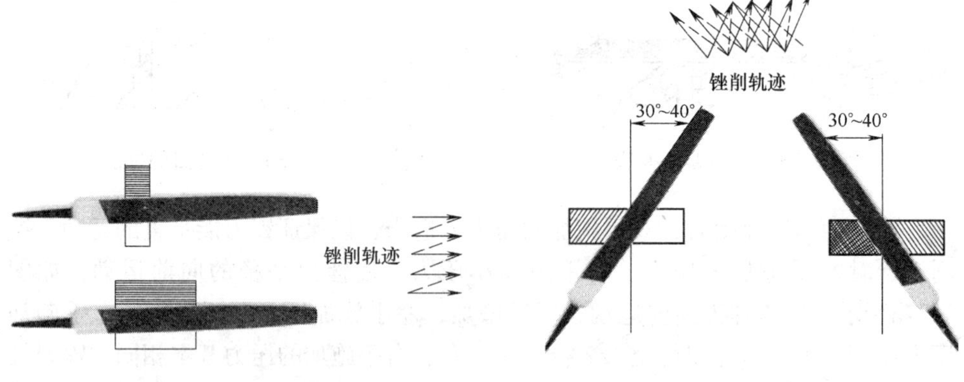

图 3-38 顺锉法

图 3-39 交叉锉法

③ 推锉法。推锉法是双手握在锉刀的两端，左、右手大拇指压在锉刀的窄面上，自然伸直，其余四指向手心弯曲，握紧锉身，如图 3-40 所示，工作时双手推、拉锉刀进行锉削加工。推锉法的切削量很小，锉削时锉刀容易掌握平稳，能获得较平整、光滑的平面，适用于锉削狭窄平面或精加工场合。

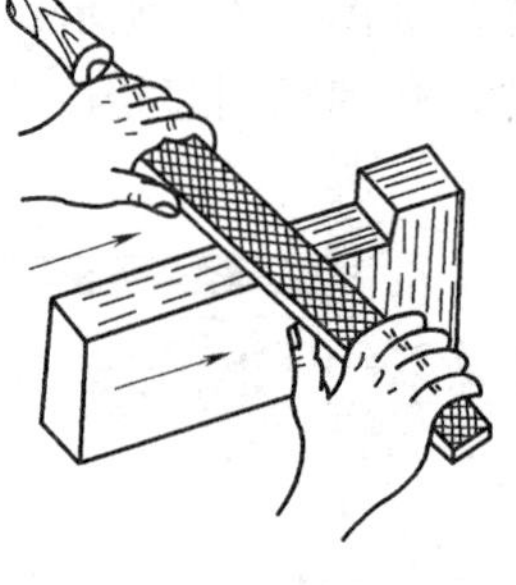

图 3-40 推锉法

2）锉削的操作禁忌。

① 禁止使用无手柄或手柄已坏的锉刀。

② 禁止用嘴吹或手抹锉屑，要用铁刷刷去锉刀上的铁屑。

③ 禁止把锉刀当锤子使用。

④ 禁止用锉刀锉削淬火后淬硬的工件表面。

⑤ 禁止交替使用锉刀两面，应先用锉刀一面，用完后再用另一面，以免因生锈影响锉刀使用寿命。

⑥ 锉刀禁止沾水、沾油。

⑦ 禁止不戴手套操作，工件要夹紧。

⑧ 使用整形锉刀时，禁止用力过大。

⑨ 禁止将锉刀与其他金属硬物相碰。

3）锉刀的选择要求。

锉刀的种类很多，一般常用的普通锉刀包括扁锉、方锉、三角锉、圆锉和半圆锉等，如图 3-41 所示。锉刀的规格是按照锉身的长度来区分的，一般有100～150mm、200～300mm、350～450mm 三种规格。

① 禁止不按工件需加工的形状选用锉刀。

② 禁止不按工件加工面积大小和加工余量要求选择锉刀。加工面积大、加工余量大的工件要选用较长的锉刀；反之，应选用较短的锉刀。

③ 禁止不按工件加工精度、表面粗糙度以及加工余量选择锉刀的锉齿粗细。要求加工精度高、表面粗糙度细、加工余量小的工件，要选用细齿锉刀；反之，要选用粗齿锉刀。

④ 禁止用普通锉刀锉削软材料，应选用专用的单齿纹锉刀或粗齿锉刀，以防锉屑堵塞锉纹影响锉刀切削。

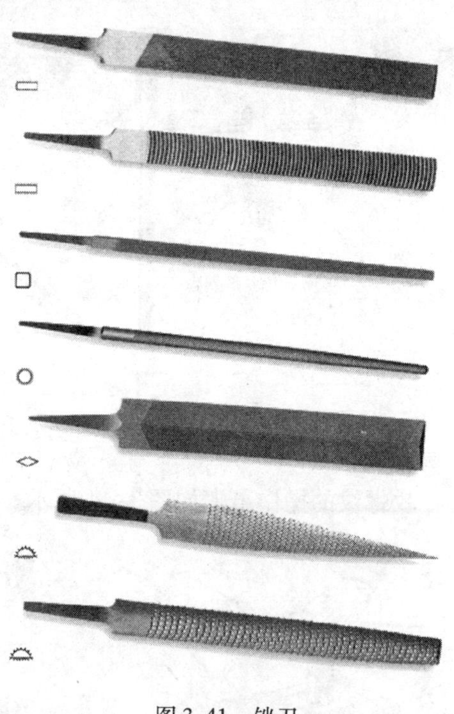

图 3-41　锉刀

25. 攻、套螺纹

1）攻螺纹是指用丝锥在孔中切削出螺纹的操作。攻螺纹的关键就是首先要选择合适的丝锥。常用的丝锥有普通丝锥和55°非密封管螺纹丝锥两种，如图 3-42 所示。选用 55°非密封管螺纹丝锥时应注意，镀锌钢管的标称直径是指管的内径，而电线管的标称直径则是指管的外径，一般使用的都是顺牙（右旋）。

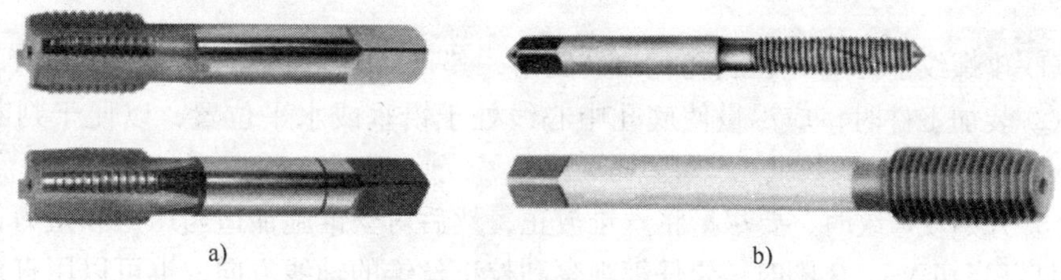

a)　　b)

图 3-42　丝锥

a）普通螺纹丝锥　b）55°非密封管螺纹丝锥

选好丝锥后，就要选择铰杠，如图 3-43 所示是常用的铰杠。它是传递转矩和夹持丝锥的工具。小于或等于 M6 的丝锥，可选用长度为 150 ~ 200mm 的铰杠；M8 ~ M10 的丝锥，可选用 200 ~ 250mm 的铰杠；M12 ~ M14 的丝锥，可选用 250 ~ 300mm 的铰杠；大于或等于 M16 的丝锥，可选用 400 ~ 450mm 的铰杠。

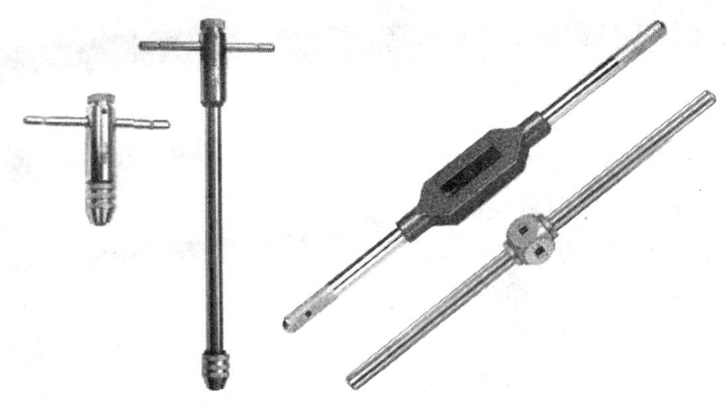

图 3-43　铰杠

攻螺纹的操作步骤如图 3-44 所示。

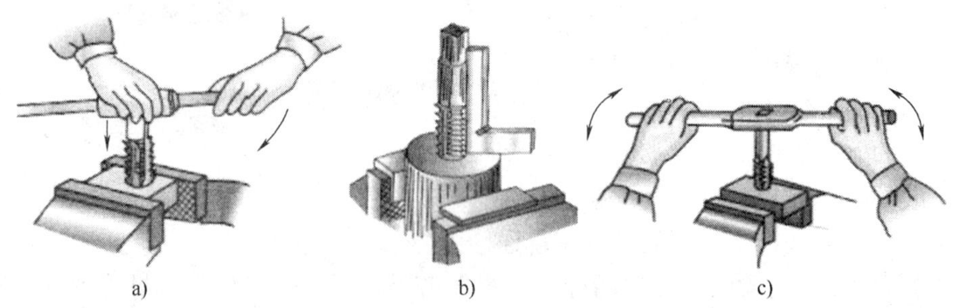

图 3-44　攻螺纹的操作步骤
a）开始攻螺纹　b）检查垂直度　c）正常攻螺纹

① 攻螺纹前，应先在底孔孔口处倒角，其直径略大于螺纹大径。

② 装加工件时，应尽量使底孔中心线处于铅垂或水平位置，以便于判断丝锥的正确位置。

③ 开始攻螺纹时，要尽量将丝锥放正，然后对丝锥施加适当压力和扭力，转动铰杠。当切入 1～2 圈时，要仔细观察和校正丝锥的轴线方向，也可以用直角尺在丝锥的两个相互垂直的平面内测量、检查。要边攻螺纹、边检查、边校准。

④ 当旋入 3～4 圈后，丝锥的位置就应正确无误了，这时只需转动铰杠丝锥自然攻入工件就行了。注意绝不能对丝锥施加压力，否则螺纹牙型将被破坏。

⑤ 在工作过程中，丝锥每转 1/2～1 圈时，丝锥就要倒转 1/2 圈，将切屑切断并挤出。尤其是攻不通螺纹孔时，要及时退出丝锥排屑。

⑥ 当要更换一只丝锥时，要用手旋入至不能再旋入时，再改用铰杠夹持继续工作，以免施加丝锥上的压力不均匀或晃动损坏螺纹。

⑦ 攻螺纹结束后，将丝锥推出时，最好卸下铰杠，用手旋出丝锥，以保证

螺纹的质量。

攻螺纹操作的禁忌包括：

① 将丝锥插入孔内时，禁止丝锥倾斜，丝锥要放正，螺纹的中心线应与工件表面垂直，然后对丝锥加压，必要时用直角尺检查其垂直情况。无问题后，丝锥切入到3～4牙后，不再加压和强行校正，只需转动铰手攻螺纹。要求每转1圈左右要将丝锥退回1/2圈，目的是切断切屑，以免堵塞，损坏螺纹和丝锥。另外，若是加工弹塑性材料时，则可加入切削液。

② 扳动攻螺纹铰手时，要禁止左右晃动。攻不通螺纹孔时，常要把丝锥退出，以便清除切屑。当最后攻完螺纹时，禁止用攻螺纹铰手旋出丝锥，而应用手将丝锥旋出，以防破坏螺纹精度。

2）用板牙在圆棒或圆管上切削出外螺纹的操作叫做套螺纹，如图3-35所示。套螺纹的关键就是首先要选择合适的板牙。与攻螺纹一样，板牙的选择也应小于螺纹大径，一般可用下面的经验公式来计算

$$D \approx d - 0.13p$$

式中　D——攻螺纹工件（圆棒或圆管）外径（mm）；

d——螺纹大径（mm）；

p——螺距（mm）。

套螺纹的操作禁忌包括：

① 圆板牙在板牙架内不可歪斜，起套要牢靠。另外，工件要夹紧、夹正。

② 开始套螺纹时，同攻螺纹一样，先按住板牙架两边靠近板牙的地方，加一定压力进行加工。要保证板牙端面垂直于圆杆中心。当旋入2～3个牙后，禁忌再施加压力。在旋进几个牙后要倒旋，便于排出断屑。

③ 铰削直径较大的外螺纹时，应使用调节式板牙分2～3次切削。

二、维修电工常用检测仪表的反习惯性违章安全要求与禁忌

1. 指针式万用表的使用

指针式万用表（见图3-45）的最大好处是能够直观地看到被测量的变化过程和状况，而且功能可靠、价格较低。指针式万用表大多是由指示部分、测量电路、转换装置三部分组成的。

使用前，应认真阅读使用说明书，熟悉万用表表盘，了解表盘上每条刻线所对应的测量值。如图3-46所示，图3-46中的第一条刻度线右边标有“Ω”，它是测量电阻的刻度线；第二条刻度线的左边标有“≂”，右边标有V/mA，表示交、直流电压和交、直流电流按此挡读数；第三条刻度线两侧标有“10 V̰”，表示10V以下的低电压按此挡读数；第四条刻度线则是用来测量音频电平的。

图 3-45　各种指针式万用表

图 3-46　指针式万用表的表盘

在使用万用表之前应对插孔和指针进行必要的检查。首先将红表笔插头插入“+”孔内，黑表笔插头插入“-”孔内，并将万用表置于 $R\times1$ 挡，短接两支表笔，测试两支表笔是否断路（因为断路时指针不动），然后再用机械调零旋钮将指针调零，最后检查电池是否还能继续使用。

在使用万用表测量时，要用右手握住两支表笔，手指不能触及表笔的金属部分和被测元器件，正确的握笔方法如图 3-47a 所示，而图 3-47b 的握笔方法是错误的。

在使用万用表测量时，禁止在被测元器件通电测量的状态下转动量程开关，如在测量电压、电流时，不切断电源就改变万用表量程是不允许的，因为在带电情况下转动量程开关，会产生电弧使开关触头损坏。这一点一定要注意，因为在实际工作中，很多人都会为了图省事而进行这种错误的操作。

当能够熟练使用万用表后，就要逐渐养成单手操作的习惯，因为如果是双手操作，一旦手触及带电部分，就会在两手间形成电压而产生电流，使人触电。

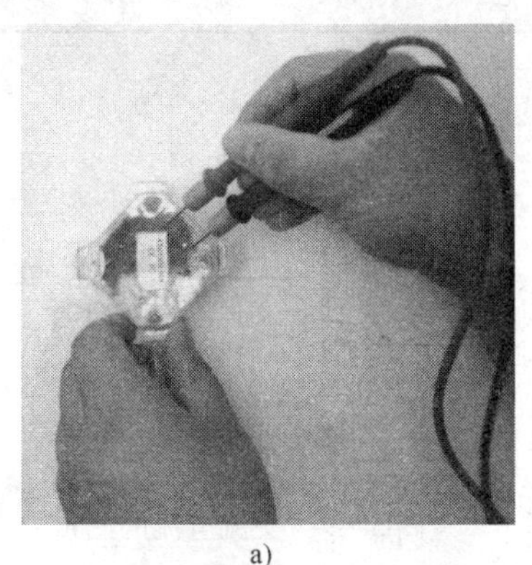
a)

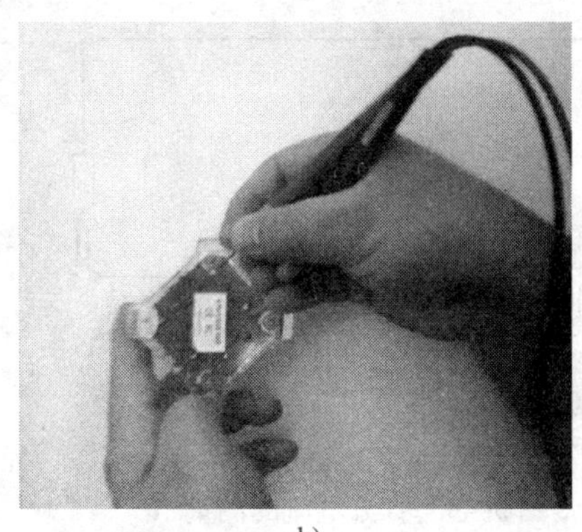
b)

图 3-47 万用表的握笔方法
a) 正确的握笔方法 b) 错误的握笔方法

另外，万用表的极性不要接错，用指针式万用表测量直流电压、直流电流时，一定要将红表笔接电路中的高电位，黑表笔接低电位。如果接反，万用表指针会向反方向偏转，而无法进行测量，严重时可能损坏万用表。

使用指针式万用表测量前，一定要对被测量进行一次大体的估算，然后选择一个合适的挡位。如果无法估计被测量的大小，就要从最大挡开始测量。一定要避免因被测量过大而使指针迅速向右偏转，把指针碰弯或烧坏万用表。

万用表不用时，要将转换开关拨到最大电压挡，这样既能减小电池损耗，还能防止下次使用时，因忘记转换挡位而损坏万用表。如果长期不用万用表，最好将电池取出来保存。

指针式万用表的使用方法如下：

1）电流的测量。用指针式万用表测量电流时，表笔应与被测线路（或设备）串联，并根据被测量的大小选择合适的挡位。但是，一般的指针式万用表电流挡的量程往往只有500mA，所以测量大电流时就需要安装一些辅助设备来扩大电流表的量程。

测量直流电流时，如图3-48所示，红表笔与断点处的正极相连，黑表笔与断点处的负极相连。测量交流电流时，如图3-49所示，在测量交直流电流时不能在通电的情况下转换挡位。

2）电压的测量。用指针式万用表测量电压时，表笔应与被测线路（或设备）并联，并根据被测量的大小选择合适的挡位。

直流电压的测量如图3-50所示，先将转换开关旋到“$\underline{V}$”挡，测量时，黑表笔应与电源的负极相连，红表笔应与电源的正极相连，二者不可颠倒。如果一时分不清电源的正负极，则可以选用一个较大量程的测量挡，将两支表笔快速接

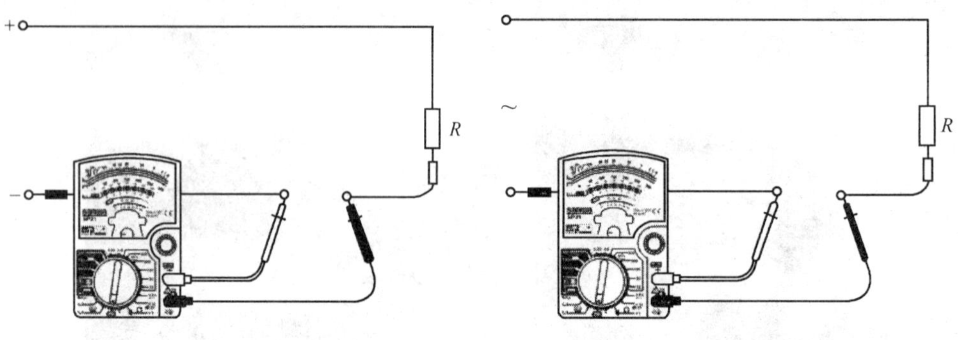

图 3-48 直流电流的测量　　图 3-49 交流电流的测量

触一下测量点，观察指针的指向，找出被测电压的正负极。

交流电压的测量如图 3-51 所示，测量前，先将转换开关旋到“ $\underset{\sim}{V}$ ”挡，并将开关置于适当量程挡，然后手握黑表笔和红表笔的绝缘部位，先用黑表笔触及一相带电体，再用红表笔触及另一相带电体或中性线，读取电压读数后，使两支表笔脱离带电体。

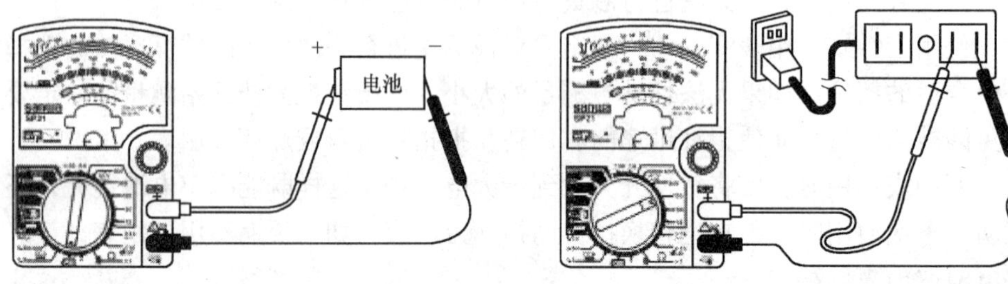

图 3-50 直流电压的测量　　图 3-51 交流电压的测量

3）电阻的测量。使用万用表测量电阻时，要先选择合适的挡位，一般万用表设有 $R\times1$、$R\times10$、$R\times100$、$R\times1\text{k}$ 和 $R\times10\text{k}$ 等几个挡位，只要将转换开关拨至某一需要的挡位就可以了。

调零是使用万用表的欧姆挡不可缺少的步骤，否则会使测量误差增大。调零的方法是先将万用表的黑、红表笔短接，然后调节万用表的调零旋钮，使指针指示在欧姆刻度线的 0Ω 位置上。当改变量程时，要重新调零。万用表的调零要快速，否则会消耗过多的表内电池能量。如果指针总是在 0Ω 线的左侧，这说明表内的电池电压已较低，最好更换新电池，然后再次调零。

使用指针式万用表测量电阻的方法如图 3-52 所示，测量时只要将万用表红、黑两表笔接触被测元器件的两个端点就可以了。

万用表指针在欧姆刻度线上的读数与使用的量程倍率的乘积就是被测的电阻值。例如：测量某电阻值时，万用表指针示数为 12，量程倍率是 $R\times1$，那么这个电阻的阻值就是 12Ω；再比如在量程倍率为 $R\times1\mathrm{k}$ 测得的指示数为 8，那么这个电阻的阻值为 8kΩ。

在读数时，还有一点应该注意，由于欧姆刻度线的刻度不是均匀的，所以每一个小格所表示的数值也是不一样的。

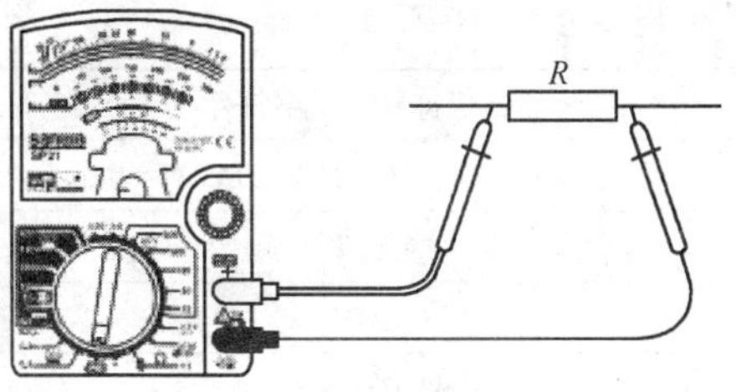

图 3-52　电阻的测量方法

2. 数字式万用表的使用

数字万用表具有用途多、量程广、使用方便等优点，是电子测量中使用最多的工具之一。它不仅可以用来测量被测量物体的电阻、交直流电流，还可以测量交直流电压。甚至，有的万用表还可以测量晶体管的主要参数以及电容器的容量等。充分熟练掌握万用表的使用方法是电子技术的最基本技能之一，如图 3-53 所示是常用的数字万用表外形。

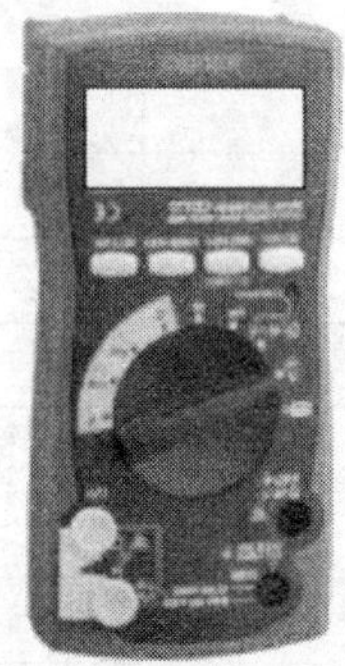

图 3-53　常用的数字式万用表外形

虽然数字式万用表的种类很多，但其控制面板的常用标识符号、文字符号的含义是基本相同的，读者可以参考表 3-5 来了解其基本意义。

表 3-5　数字式万用表常用标识符号、文字符号的含义

标识符号、文字符号	基本含义
RANGE	量程键
RH	量程保持
FUNCTION	功能键
MEM	存储键
RST	复位键
MEM　RCL	读存储数据键
PRINT	打印键

（续）

标识符号、文字符号	基本含义
HOLD、[H]、DH、DATA	读数（显示值）保持开关（保持键）
SET	预置键
ADJ	调整旋钮
AUTO　CAL	自动校准
CAL	校准
AC/DC	交流、直流选择键
AUTO-MAN　RANGE	自动/手动转换量程
AUTO、AR、AUTO-RANGE	自动转换量程
MAN　RANGE	手动转换量程
DCV	直流电压挡
DCA	直流电流挡
ACV	交流电压挡
ACA	交流电流挡
Ω、OHM	电阻挡
C、CAP	电容挡
T、TEMP	温度挡
F、f、FREQ	频率挡
ZERO　ADJ	电容挡手动调零旋钮
HΩ	高阻挡
LΩ	低阻挡
G	电导挡
·)))	蜂鸣器挡
BZ	蜂鸣器
AUTO　OFF　POWER	自动关断电源
COM	接黑表笔
F/V/Ω（FVΩ）	频率、电压、电阻测量插孔
h_{FE}	晶体管电流放大倍数测量插孔
Hz	频率测量插孔
mA	电流测量插孔
SLEEP　MODE	休眠模式（备用状态）
LCD	液晶显示器
V/Ω	电压/电阻插孔

（续）

标识符号、文字符号	基 本 含 义
C（K TYPE）	温度测量插孔
|	超量符号（超量程时在最高位出现）
UR、UNDER	欠量程
OL	过载（超量程）
AP	自动极性显示
R MS AV、AVG	有效值（方均根值） 平均值
△	相对值测量标志符
⚠	注意！应参照说明书操作
ϟ	危险！此处可能出现高压
—	负极性显示标志符

数字式万用表的使用方法如下：

1）直流电压的测量。如图3-54所示为直流电压的测量方法，虽然数字式万用表有自动转换极性的功能，但最好还是用万用表的红表笔接被测电压的正极，黑表笔接被测电压的负极，这样可以减小测量误差。

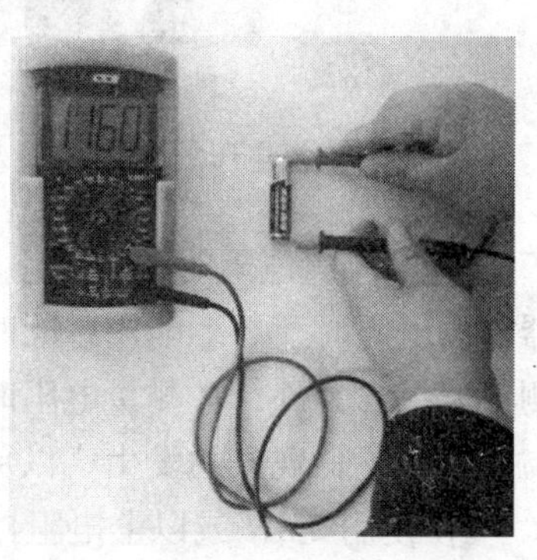

图3-54 直流电压的测量方法

测量时，首先将红表笔插入V/Ω插孔，黑表笔插入COM插孔，然后将量程开关置于“V̲”（或DCV挡）范围内合适的测量挡位上，这样就可以进行测量了。

2）交流电压的测量。在使用数字式万用表测量交流电压时，为了消除万用表输入端对地分布电容的影响，减小测量误差，最好把黑表笔接到被测电压的低电位端，例如220V的零线端、被测交流信号的公共端等。

测量时，首先将红表笔插入V/Ω插孔，黑表笔插入COM插孔，然后将量程开关置于“$\underset{\sim}{V}$”（或ACV挡）范围内合适的测量挡位上，这样就可以进行测量了，如图3-55所示。

3）电阻的测量。使用数字式万用表测量电阻的方法如下：

① 测量电阻时，被测电路必须要停电，若是带电测量很容易损坏仪表。电阻挡量程的大小要根据被测值的大小进行合理地选择，在测量时，如果显示器显

示的数字是“1”，则表明被测量已经超过了所需的量程，此时要重新调整后再进行测量。

② 使用200Ω 电阻挡测量电阻时，应先将两支表笔短路，测出两支表笔的引线电阻值，如图 3-56 所示，然后再进行电阻测量，每次测量的实际电阻值就是显示器的显示数值再减去表笔引线电阻值。而使用 200Ω 以上的电阻挡测量时，其引线电阻值则可以忽略不计。

图 3-55 交流电压的测量方法

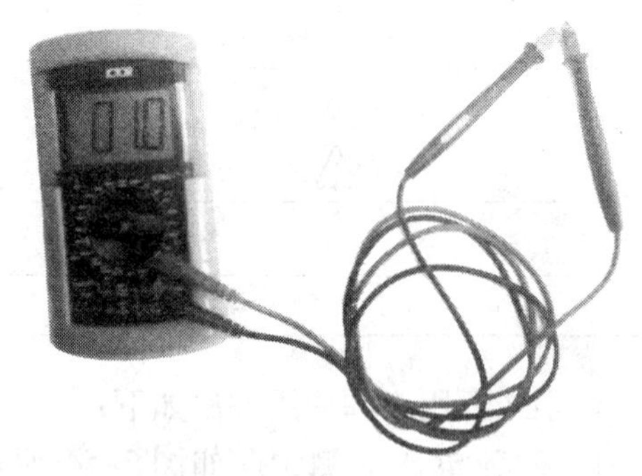
图 3-56 测量表笔引线电阻值

③ 在测量电阻时，两只手不能同时碰触两表笔的金属部分，特别是测量元器件的电阻时，更不能用手同时捏住两引脚，否则将会引入人体电阻，严重影响测量结果。另外，在测量电阻时，应检查表笔插头与插孔之间接触是否紧密，要防止接触不良现象的发生，以免影响测量结果。

④ 使用 2MΩ 或以上电阻挡时，显示器的显示值将会出现跳跃现象，要经过几秒钟才能稳定下来，应该等数值稳定后才能读取数值。

⑤ 使用 200MΩ 电阻挡时，由于该挡存在 1MΩ 的固有零点误差，所以测量的实际值应是显示器的读数减去固有零点误差。比如 3½位数字式万用表的零点误差是 10 个字，若是测量某电阻值是 201.0MΩ，那么其实际阻值就是 200.0MΩ。

⑥ 测量电阻时，应将红表笔插入 V/Ω 插孔，黑表笔插入 COM 插孔，将量程开关置于“Ω”的范围内并选择所需的量程开关，检测时只需将两支表笔分别接在被测元器件的两端或电路的两端即可，如图 3-57 所示。

4）二极管的检测。用万用表检测二极管的方法如下：

如图 3-58 所示为二极管的检测方法。

① 用万用表检测普通二极管时，要用红表笔接被测二极管的正极，黑表笔接被测二极管的负极。

② 测量时，如果被测二极管是正常的，当正向偏置时，硅二极管应有 0.5 ~

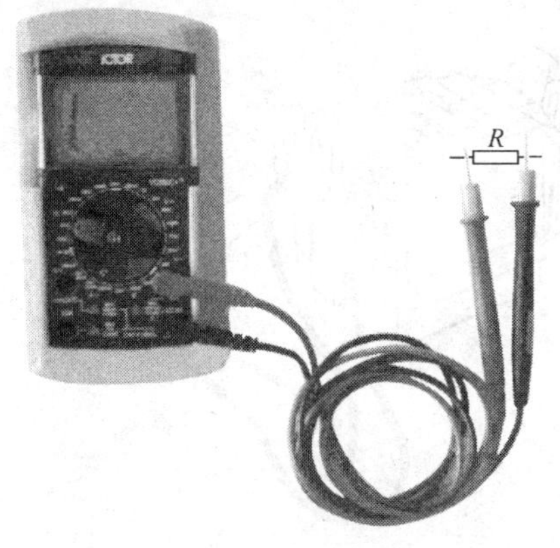

图 3-57　电阻的测量方法

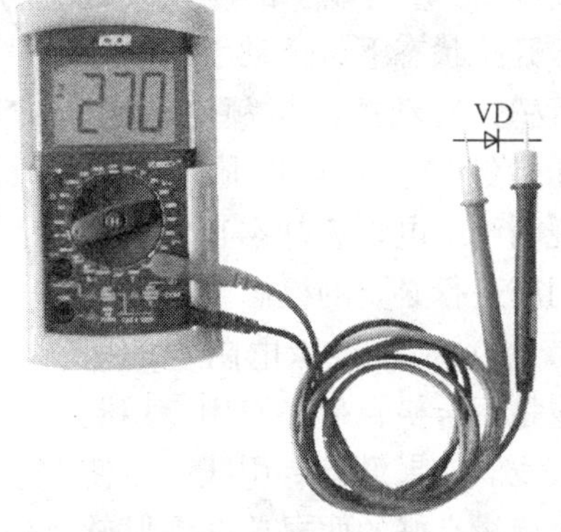

图 3-58　二极管的检测方法

0.7V 的正向压降，锗二极管应有 0.15～0.3V 的正向压降。反向偏置时，硅二极管与锗二极管均使万用表显示溢出符号“1”。

③ 测量时，如果被测二极管已经被短路击穿，在正反向偏置时万用表均显示“000”；如果被测二极管内部已经开路，在正反向偏置时万用表均显示符号“1”。

3. 绝缘电阻表的使用

绝缘电阻表如图 3-59 所示，主要用于测量和检验电气设备、电动机、变压器、输电线和电缆等器材的绝缘电阻。

图 3-59　绝缘电阻表

绝缘电阻表的使用方法如下：

1）在使用绝缘电阻表前，必须对仪表进行一次必要的外观检查，其接线端子应完好无损，表盘刻度要清晰，玻璃罩应完好；指针应无扭曲，平放时指针应偏向“∞”一侧，水平方向摆动时指针应随之摆动无任何障碍。

2）绝缘电阻表的短路试验。如图 3-60 所示，在仪表停转的情况下，将 L 与 E 两接线柱短接，缓慢转动摇柄，如果指针指在“0”位，表示正常，否则应进行必要检修。

3）绝缘电阻表的开路试验。如图 3-61 所示，将绝缘电阻表水平放置，未接线或 L、E 两端子的测试线处于开路状态下，摇动手柄有手沉感，转动摇柄至额定转速，如指针指在“∞”附近，则说明绝缘电阻表基本正常，否则应进行必要的检修。

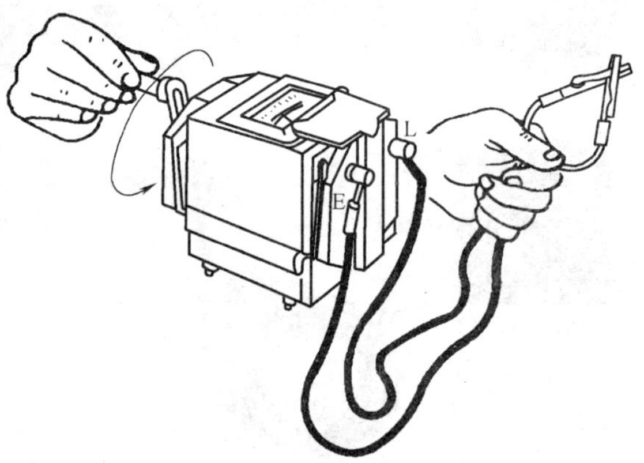

图 3-60　绝缘电阻表的短路试验

4）检查绝缘电阻表的引线是否合格，最好使用专用测试线。如果没有专用线，可使用绝缘良好的两根单芯多股软线，不能使用双股麻花线、平行线，禁止将两根引线缠绕或靠在一起使用。

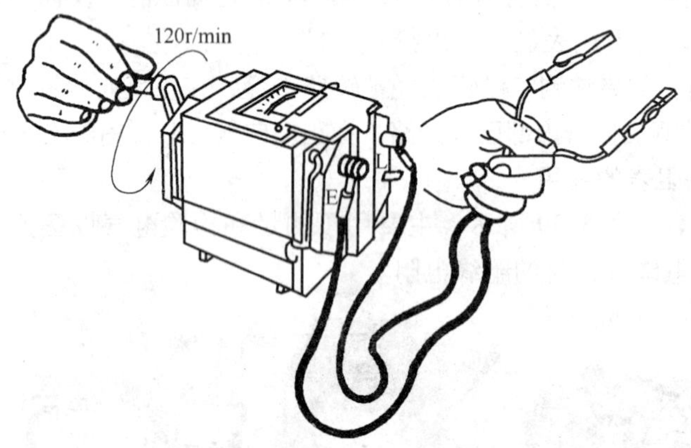

图 3-61　绝缘电阻表的开路试验

5）接好绝缘电阻表的接线柱。E—接地；L—接线路；G—接屏蔽环。在接线时，应将被试电气设备的通电部分接在 L 上，被测物的接地端或机壳与绝缘电阻表的 E 连接，被测设备的保护屏蔽部分或其他不参与测量的部分接在 G 上，以消除测量误差。

6）不要在雷雨时使用绝缘电阻表，被测物的表面应擦干净，如果被测物内有可燃性气体还应放尽，以免引起爆炸。对电容器、大型变压器、电缆等容量较大的设备还需对地充分放电；对供电线路则要经过验电，在有可能产生感应电压的线路上测量绝缘电阻前，另外一条线路也必须停电。测量电子成套设备的绝缘电阻时，应将连接回路与电子控制单元分开，电子控制单元要用万用表的欧姆挡测量检查（由于电子元器件的耐压低），连接回路用绝缘电阻表测量。

另外，绝缘电阻表的放置要平稳，摇动手柄时应由慢到快，转速不能时快时慢，当达到120r/min时应保持稳定，转速稳定后，表盘上的指针才能稳定，表针的指示就是测得的绝缘电阻的阻值。

还有，如果被测设备在户外较高的构架上，邻近有其他带电设备时，要注意将试验引线固定好，以免试验时引线被风刮到邻近的带电设备上造成事故。

7）为了提高测量的准确度，要根据被测对象的额定电压，选择不同电压等级的绝缘电阻表，绝缘电阻表的选择见表3-6。一般低压电器设备可选用0～200MΩ量程的表，高压电气设备、电缆或线路可选用0～200MΩ量程的表。刻度从1MΩ或2MΩ起始的绝缘电阻表不宜测量低压电气设备的绝缘电阻。

表3-6　绝缘电阻表的选择

被测对象	被测设备额定电压/V	绝缘电阻表的额定电压/V
线圈绝缘电阻	500以下	500
	500以上	1000
电力变压绕组、电动机绕组的绝缘电阻	500以上	1000～2500
发电机绕组的绝缘电阻	500以下	1000
电气设备的绝缘电阻	500以下	500～1000
	500以上	2500
瓷绝缘子	10000以上	2500～5000

8）使用绝缘电阻表测量线路的对地绝缘电阻时，其接线如图3-62所示。使用绝缘电阻表测量电动机对地绝缘电阻时，其接线如图3-63所示。

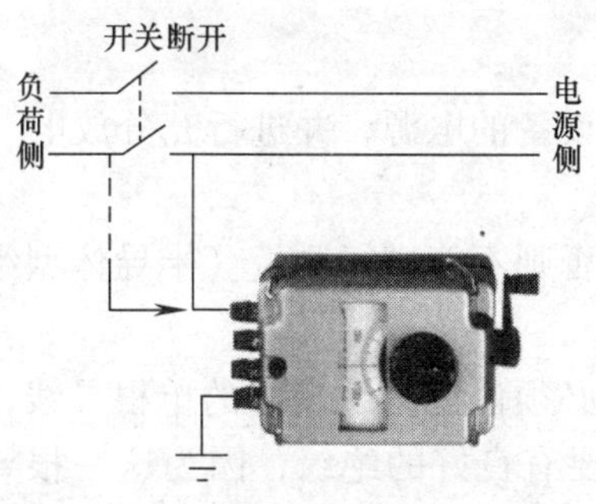

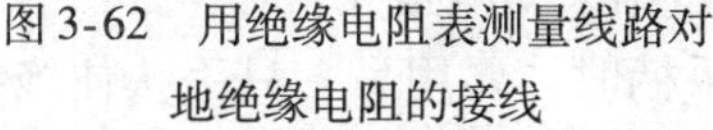

图3-62　用绝缘电阻表测量线路对地绝缘电阻的接线

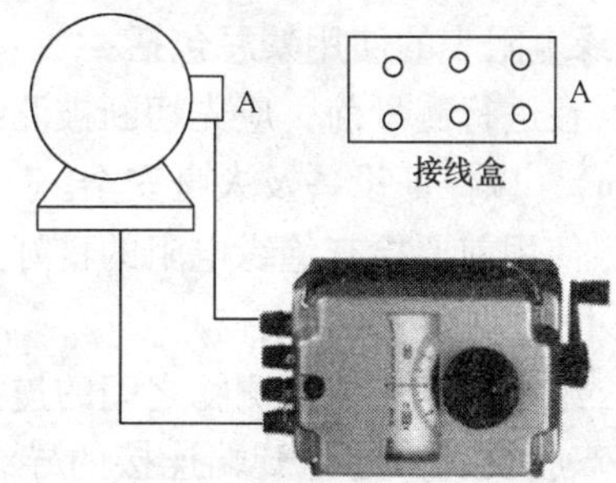

图3-63　用绝缘电阻表测量电动机对地绝缘电阻的接线

使用绝缘电阻表测量电缆的绝缘电阻时，其接线如图3-64所示。

使用绝缘电阻表测量电容器的绝缘电阻的方法是：用表的接线柱E接电容器的金属外壳，用裸导线将所有出现瓷套管缠绕后接表的接线柱G，用绝缘夹钳

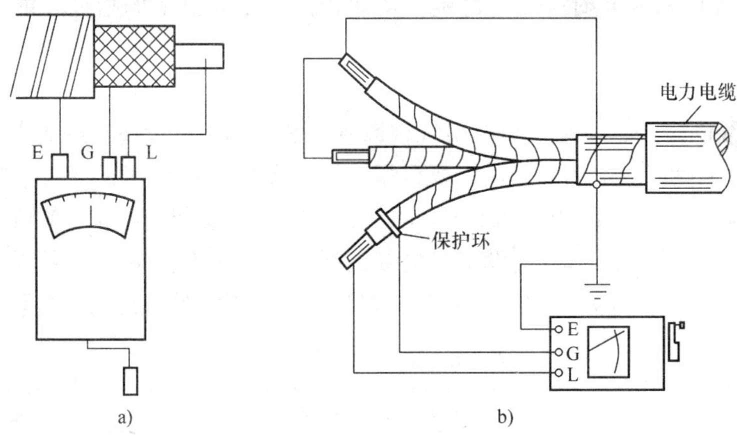

图 3-64 用绝缘电阻表测量电缆绝缘电阻的接线

a）芯线对外皮的接地 b）检查表面泄露的接地

夹起 L 线，把绝缘电阻表的手柄摇到 120r/min 时，就可以将 L 线搭接在任一电极上，等指针稳定后才可以读数了。应当注意的是：绝缘电阻表只能测量电容器的极对地的绝缘电阻，不能测量极与极之间的绝缘电阻，因为电容器的极间摇测，实际上是对电容器充电，无法测量其绝缘电阻。

9）测量期间，由于绝缘电阻表的手摇发电机能产生几百伏甚至几千伏的直流电压，所以千万不能用手触摸表的接线端和测试端。

10）绝缘电阻表用完后应存放在干燥常温下，以免内部绕组或零件受潮腐蚀而损坏。

绝缘电阻表的使用禁忌包括：

1）在进行测量前，应先切断被测线路或设备的电源，并进行充分放电（需 2～3mm），以保证设备及人身安全。

2）使用前要检查绝缘电阻的良好情况，否则不能进行测量（半导体型绝缘电阻表不宜用短路试验检查）。

3）绝缘电阻表与被测物之间的连接导线必须使用绝缘良好的单根导线，不能使用双股绞线，且与 L 端连接的导线一定要有良好的绝缘，因为这一根导线的绝缘电阻与被测物的绝缘电阻相并联，对测量结果影响很大。

4）绝缘电阻表要放在平稳的地方，摇动手柄时，要用另一只手扶住绝缘电阻表，以防表身摆动而影响读数。

5）摇动手柄时应先慢后快，转速应控制在（120±24）r/min。当指针指示稳定时，切忌摇动的速度忽快忽慢，以避免指针摆动。一般摇动 1min 时作为读数标准。

6）测量电容器及较长电缆等设备绝缘电阻时，一旦测量完毕，应立即将L端钮的连线断开，以免绝缘电阻表向被测设备放电而损坏被测设备。

7）被测设备要擦拭干净，不可有污物和潮湿，以免影响测量准确度。

8）雷雨天时，严禁在户外测量。

9）低于100kΩ的电阻不能测量。

10）测量完毕后，应先将连线端从被测物移开，再停止摇动手柄。测量后要将被测物对地充分放电。在手柄未完全停止转动及被测对象没有放电之前，切不可用手触及被测对象的测量部分及拆线，以免触电。

4. 钳形电流表的使用

钳形电流表能在不断开回路的条件下测量交流回路的电流，有些还能测量交流电压。它是由开口的电流互感器和表头组成的，主要有指针式和数字式两种，如图3-65所示。

图3-65 各种钳形电流表

钳形电流表的使用方法是：

1）根据被测量大小的范围选择测量挡位，如果不可估算，则应从最大值开始，然后再逐渐减小，直到示值正确。

2）用手握住手柄，并按动手钳，将电流互感器的钳口张开。

3）将被测导线（指绝缘导线，如果是裸导线则应先在被测段包扎绝缘层）放入钳口内，然后松开手钳，将钳口闭合，导线则正好穿入钳口。若发现有振动或噪声，应将仪表手柄转动几下，或重新开合一次，直到没有噪声了为止。如果钳口有油污，可用汽油清洗。

4）从表盘上读出数值，一般表盘上有两个刻度，一条为红色，即电压刻度标尺；一条为黑色，即电流刻度标尺。读数时要结合转换开关的所指范围，并根据指针的指示读数。假如电流刻度的标尺是0~300A，而转换开关所指范围是30A，指针指在250A，则实际值为25A；转换开关所指范围是300A，指针指在250A，则实际值为250A；转换开关所指范围是3000A，指针指在250A，则实际值为2500A。

5）如果测量1A及以下的交流电流时，没有合适的电流表，也可用钳形表测量。先选择钳形表的最小一级电流挡，再把被测导线再钳口的铁心上缠绕10圈（钳口内有10根导线线圈），然后先按原指针数读数，将读数除以10即为实际电流值。

6）钳形电流表还有一个用途，就是用来测量零序电流，用于判断三相线路是否平衡或有无断相，以保证系统正常。一般做法是将三相动力电路或三芯三相电缆同时送入钳口，并将选择开关置在适当的范围上。如果指针指向零或接近于零，说明系统三相平衡或者没有断相；否则，有读数且较大，说明三相不平衡或是有断相现象。这在动力电路运行中有很大用处。钳形电流表的使用方法如图3-66所示。

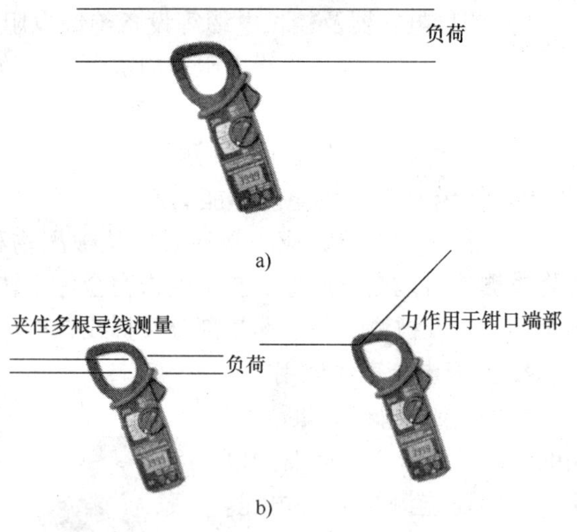

图3-66 钳形电流表的使用方法

7）使用钳形表时，如果选挡不当，应先将导线撤出钳口再调整转换开关。不得带负荷调整，以免将指针打弯。

8）一般情况下应禁止使用钳形表测量高压电流。

9）在雷雨天时，室外禁止使用钳形电流表进行测量，否则应有防雷雨措施，确保雨滴不落在表上。

10）钳形电流表使用时应先检查指针是否在零位，否则应用调零器进行调整；发现测量时不能显示表数时，应检查内部的熔管是否熔断；使用后应将把量程开关置于最大位置上。

5. 电流表的使用

（1）直流电流表　直流电流表如图3-67所示，在使用直流电流表前，一定要分清仪表的极性和量程。一般在直流电流表的接线柱旁边都会标有“+”和“-”两个符号，其中“+”接线柱接直流电路的正极，“-”接线柱接直流电路的负极，其接线方法如图3-68所示。

图3-67 直流电流表

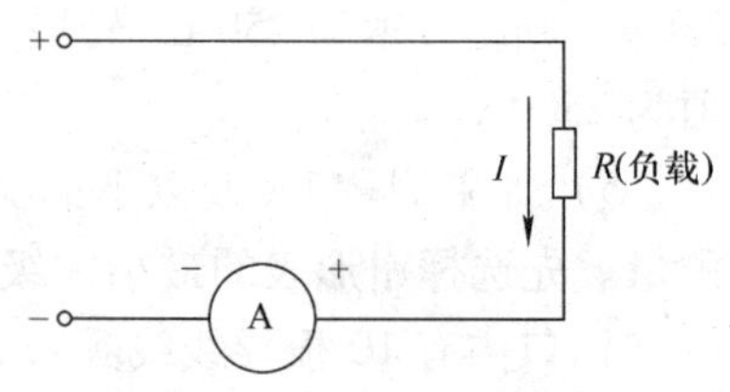

图3-68 直流电流表的接线方法

由于直流电流表的线圈导线横截面积和游丝横截面积都很小，所以只能测量较小的电流，如果需要测量较大的直流电流，就要在电流表上并联一只分流器。分流器在电路中与负载串联，使通过电流表的电流只是负载电流的一部分，而大部分电流则从分流器中通过，这样就扩大了电流表的测量范围，其接线方法如图 3-69 所示。

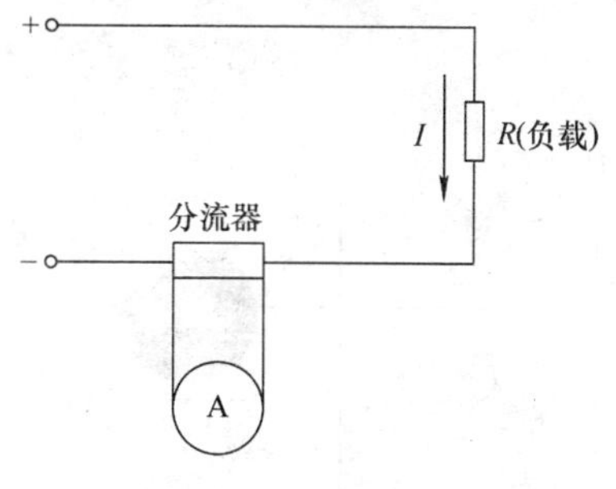

图 3-69　带有分流器的直流电流表的接线方法

量程较大的直流电流表，一般都附有分流器，并在表盘上标出“外附分流器”字样。接线时，要检查分流器与电流表表盘上所示的量程是否相符。如果不符，就不能使用。另外还有一点也要注意，从分流器接到电流表的定值导线也是与仪表配套供应的，不能随意更换。如果分流器与电流表之间的距离超过了所附定值导线的长度，则可用不同横截面积和不同长度的导线代替，但导线电阻应在（0.035 ± 0.002）Ω 之间。

（2）交流电流表　测量交流电路中的电流时就要用到交流电流表，如图 3-70 所示。其接线方法如图 3-71 所示。

图 3-70　交流电流表

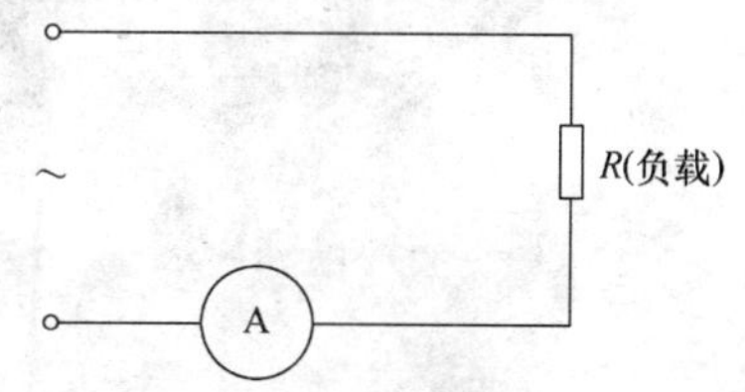

图 3-71　交流电流表的接线方法

当被测电路的电流超过了电流表的量程时，就要加装电流互感器。在使用电流互感器接线时必须注意端子极性，防止接错线，接线方法是电流互感器的一次绕组与电路中的负载串联，二次绕组接电流表。

一只电流互感器与一只电流表的接线如图 3-72 所示。这种接线方式用来测量单相负载电流或三相对称负载中的某一相电流。

三只电流互感器组成的星形联结（Y 联结），如图 3-73 所示。该电路使用三只电流表和三只电流互感器测量三相线路中的每一相电流。

6. 电压表的使用

电压表也叫伏特表，是测量线路电压的仪表，表盘上标有“V”符号，电压表按照量程不同可分为毫伏表（mV）、伏特表（V）、千伏表（kV）等。按照测量电压分有直流电压表和交流电压表两种，电压表的接线方法都是并联在被测电路中的。

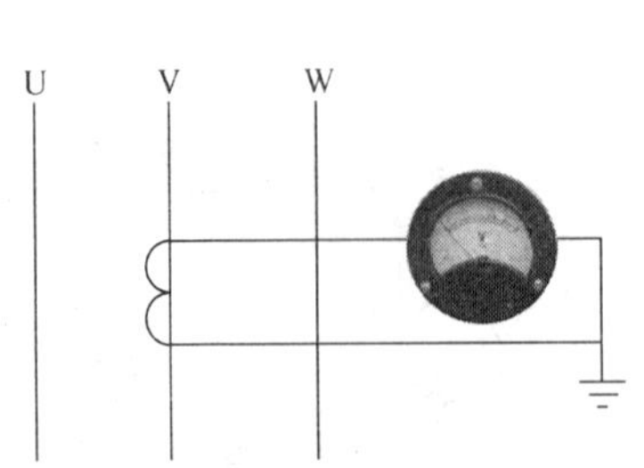

图 3-72　一只电流表与一只电流互感器的接线

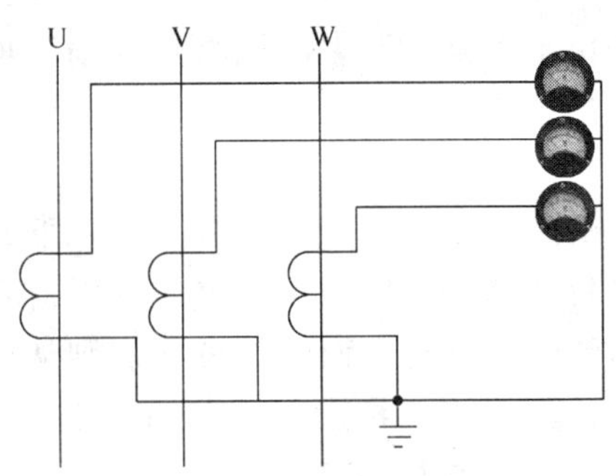

图 3-73　三只电流互感器组成的星形联结

由于电压表是与被测电路并联接线的，所以为了不影响电路的工作状态，电压表的内阻一般都很大。大量程的电压表通常都串联一只电阻，使通过电压表的电流按比例减小，这只电阻叫做倍率电阻。倍率电阻有的装在表内，有的装在表外，与仪表配套使用，表盘上标有“外附电阻器”字样。外附电阻器是仪表的附件，没有它，仪表就不能使用。

（1）直流电压表　测量直流电路的电压就要使用直流电压表，如图 3-74 所示。

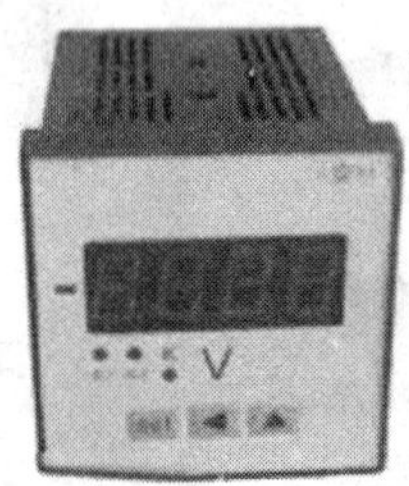

图 3-74　直流电压表

在使用直流电压表时，要注意电压表的正、负极性与被测电压的正、负极性相对应，一旦接反，指针就会反向偏转，从而损坏电压表。直流电压表的接线方法如图 3-75 所示。

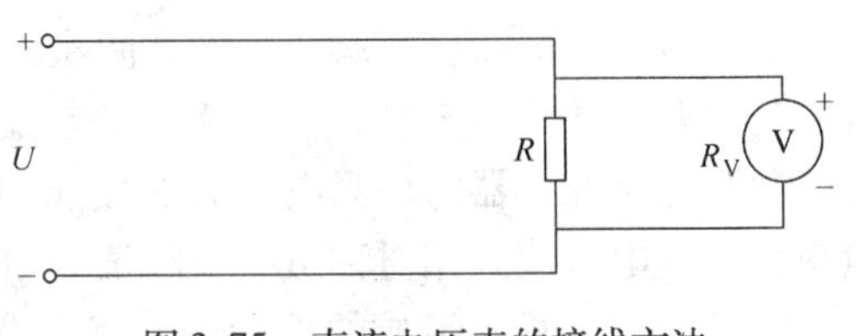

图 3-75　直流电压表的接线方法

（2）交流电压表　测量交流电路的电压就要用到交流电压表，如图 3-76 所示。

交流电压表的接线方法如图 3-77 所示，接线时没有极性要求。

在高压线路中测量电压，由于不能用普通电压表直接测量，就应通过电压互

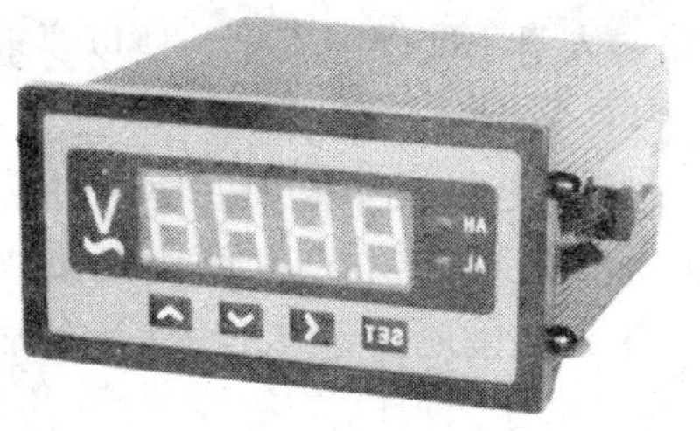

图 3-76 交流电压表

感器将仪表接入电路中，如图 3-78 所示。电压互感器的一次绕组应接到被测量的高压线路上，二次绕组应接在电压表的两个接线柱上。为了方便测量，电压互感器一般都采用标准的电压比值，例如 6000/100V、10000/100V 等，其二次绕组电压总是 100V。所以，可用 0 ~ 100V 的电压表来测量线路电压。

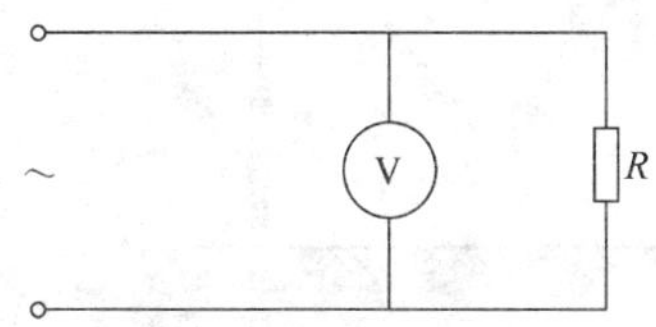

图 3-77 交流电压表的接线方法

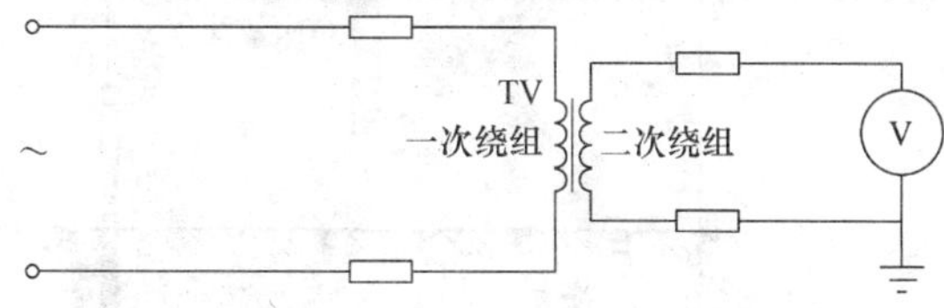

图 3-78 带有电压互感器的交流电压表接线方法

7. 接地电阻测量仪的使用

接地电阻测试仪是专门测量接地电阻的仪器。如图 3-79 所示为 ZC—8 型接地电阻表。

钳式接地电阻表如图 3-80 所示。

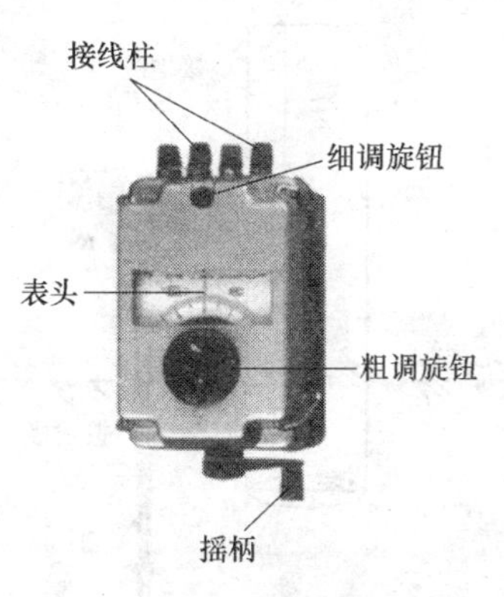

图 3-79 ZC—8 型接地电阻表

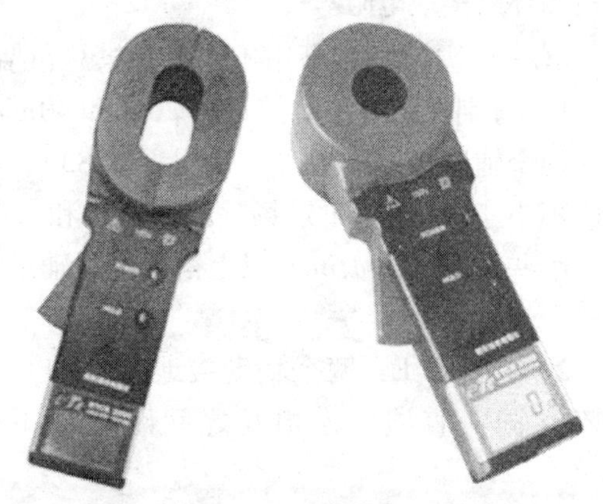

图 3-80 钳式接地电阻表

电气设备和输电线路常采用接地系统，从而保障人身和设备安全，但如果接地电阻不符合要求，将使设备、电路、人身不能保障安全，所以要求接地电阻大小必须符合要求。

常用的 ZC—8 型接地电阻表为手摇发电机式的仪表，使用时需要打两个辅助接地极，其接线方法如图 3-81 所示。新式的 CA6310 型钳式接地电阻表，使用时不需打入辅助接地极，只需用卡钳夹住接地极导线，仪表上的显示屏便呈现出电阻数据，如图 3-82 所示，其操作类似于钳形电流表。

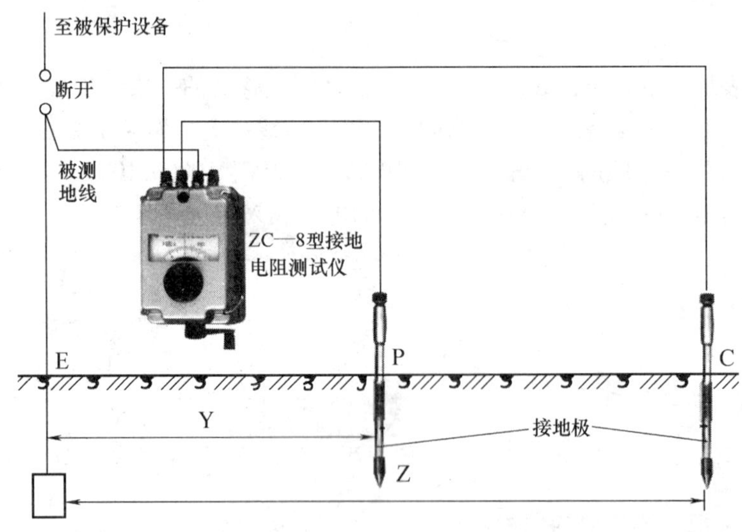

图 3-81 ZC—8 型接地电阻测试仪的接线方法

使用钳式接地电阻表虽然不需打辅助接地极，但不能测量单点接地系统，只能检测环路接地电阻。

ZC—8 型接地电阻测试仪的使用禁忌包括：

1）分别在距离被测接地体 20m 和 40m 处打入两个辅助接地极 P 和 C（见图 3-83），深度应不小于 40cm。如果场地有限，P 和 C 距离可小些。通常用 ϕ6mm 以上钢棍作为辅助接地极。

2）接地体 E，两个辅助接地极 P 和 C 严禁不在同一直线上，相互之间距离应不低于 20m。

3）接地电阻表必须先放平，然后调零。

4）将被测接地体 E 与仪表的接线柱 P2、C2 相连，较远的辅助电极 C 与端子 C1 相连，

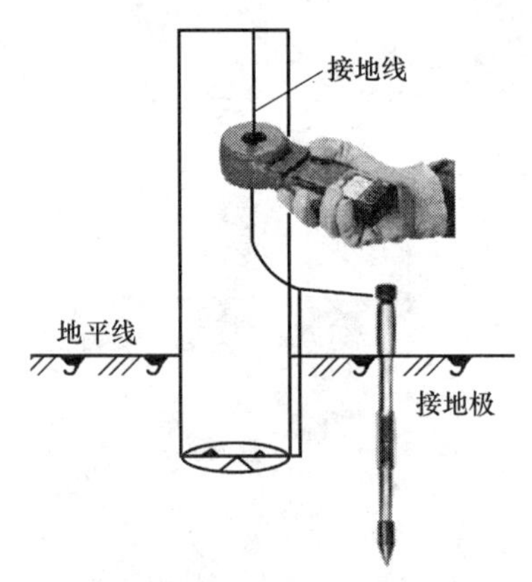

图 3-82 钳式接地电阻测试仪的使用方法

较近的辅助接地极 P 与仪表端子 P1 相连，如图 3-83 所示。

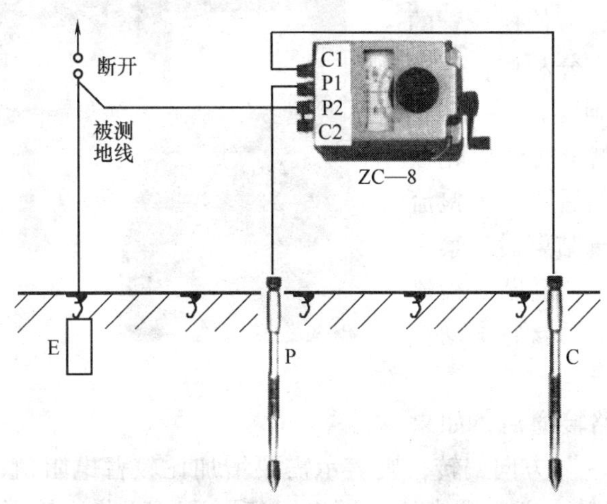

图 3-83　ZC—8 型接地电阻测试仪的使用方法

5）测量时，接地引线禁止与设备连接，否则会影响测量数据的准确性。

6）当接地电阻表灵敏度不够时，可沿辅助接地极 P 和 C 注入一些水，使其湿润。

7）将量程开关置于最大倍数上，缓慢摇动发电机手柄，同时转动测量分度盘，使检流计指针处于中心线位置上。当检流计接近平衡时，不能再缓慢转动手柄，而要加快速度转动手柄，达到 120r/min 左右，同时调节测量分度盘，使检流计指针稳定在中心线位置上。此时读取被测接地电阻值，即：接地电阻值 = 测量分度盘读数 × 测量量程最大值。

8. 单臂电桥的使用

单臂电桥是用来测量 1 ~ 106Ω 中等电阻的专用仪表。常用的 QJ23 型直流单臂电桥面板示意图如图 3-84 所示，其左上方有比例臂读数盘，共有 7 个挡位：0.001、0.01、0.1、1、10、100、1000。面板右边有 4 个比较臂，可制成 4 挡，可调范围为（0、1、2、3、…、9）×1Ω、×10Ω、×100Ω、×1000Ω。

面板右下方标有“R_x”的两个端钮是用来连接被测电阻 R 的。当使用外接电源时，可接在面板左上角标有“G”的两个端钮上。如需使用外置检流计时，可先将连接片把内置检流计短接，然后将外置检流计接在面板左下角标有“外接”的两个端钮上。单臂电桥操作禁忌如下：

1）打开检流计锁扣，调节调零器使指针指在零位。禁止指针不在零位就进行测量。

2）接入被测电阻时，禁止用较细导线连接，接头禁止不拧紧。

3）估计被测电阻大小，选择适当的比例臂，应使比较臂的4挡电阻都能被充分利用，否则不能提高测量准确度。

4）在进行测量时，应先按下电源按钮B，然后再按下检流计的按钮G；测量结束后，禁忌先断开电源按钮B，后断开检流计按钮G，否则会因自感电动势而损坏检流计。

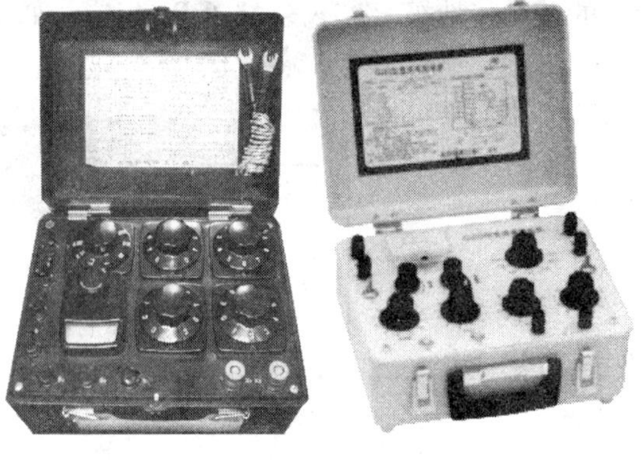

图3-84　QJ23型直流单臂电桥面板示意图

5）电桥电路接通后，如果检流计指针往“+”方向偏转，则表示需要增加比较臂电阻值；反之，如指针往“-”方向偏转，则应减少比较臂电阻值。反复调节比较臂（5、6、7、9）电阻，使检流计指针往零位趋近，直到平衡为止。

6）使用过程中，禁止将检流计的锁扣再锁上。

7）外接电源禁止太高、太低，禁止将电源的“+”、“-”极性与端钮的“+”、“-”端钮接错。

8）测量小电阻时，应把电源电压降低，接通电源时间禁止太长，以防桥臂发热。

9）被测电阻禁止带电，否则会烧坏电桥。

10）使用完后应切断电源，拆除被测电阻，将检流计的锁扣锁上，以防搬运中将检流计的悬丝损坏。如无锁扣装置可将按钮G断开。

11）长时间不用时，禁止将内装电池长期放在电桥中。

9. 双臂电桥的使用

双臂电桥（见图3-85）采用双臂引入方式，所以能测出低值电阻。

双臂电桥的操作禁忌包括：

1）测量时，禁止先松开电源按钮，再松开检流计按钮，以免感性负载产生感应电动势损坏仪表。

2）用双臂电桥测量时，因电流较大，禁止操作缓慢，用毕应及时关闭电源。

3）如果不知道被测电阻的大小，可将比例臂4放到“×1”挡进行粗略测

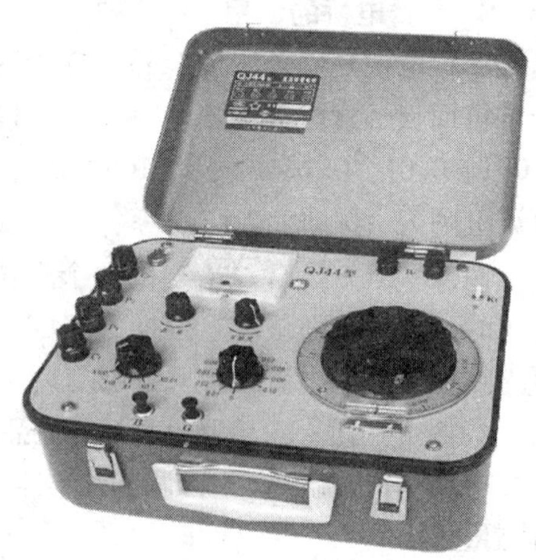

图3-85　双臂电桥

量，然后按测量值调整到合适量程。

4）禁止将被测电阻的电流、电压端钮与双臂电桥对应端钮连接错误，并且接头要牢固。

三、供配电线路维修时的反习惯性违章安全要求与禁忌

1. 导线维修更换时，其横截面积选择一定要合理

当现有导线因不能满足负荷要求而出现故障时，需要更换新的导线。在选择确定导线横截面积时必须满足发热条件、电压损耗条件以及机械强度。对于10kV及以下的架空线路的导线横截面积一般按这些要求选择；对于高压线路及输送电流很大的低压线路，在导线横截面积选择时常按经济电流密度选，然后按发热条件进行复核。

满足发热条件是指导线通过最大负荷电流时产生的发热温度应小于导线正常运行时允许的最高温度，即小于导线横截面积允许的最大工作电流。在环境温度+25℃时，铝绞线（LJ）与钢芯铝绞线（LGJ）的允许电流见表3-7和表3-8。环境温度不是+25℃时，导线允许电流应按表3-9校正。校验时环境温度采用当地最热月份的月平均最高温度。

表3-7　硬铝绞线技术规格

型号	标称横截面积/mm²	芯线根数及单线直径/mm	外径/mm	直流电阻（温度+20℃时）/(Ω/km) 不大于	允许电流（温度+25℃）/A	质量/(kg/km)
LJ型硬铝绞线	16	7×1.70	5.1	1.98	105	4.4
	25	7×2.12	6.4	1.28	135	68
	35	7×2.50	7.5	0.92	170	95
	50	7×3.00	9.0	0.64	215	136
	70	7×3.55	10.7	0.46	265	191
	95	19×2.50	12.5	0.34	325	257
	120	19×2.80	14.0	0.27	375	322
	150	19×3.15	15.8	0.21	440	407
	185	19×3.50	17.5	0.17	500	503
	240	19×4.00	20.0	0.132	610	656

满足电压损耗条件是指导线通过正常最大负荷电流时，在导线上产生的电压损耗应小于正常运行时允许的电压损耗。对于高压线路，自供电变电所二次侧输出端至线路末端受电变电所一次侧输入端之间允许的电压损耗一般为供电变电所

表 3-8 钢芯铝绞线技术规格

型号	标称横截面积/mm^2	规格尺寸/mm		计算外径/mm		直流电阻（温度+20℃时）/(Ω/km) 不大于	允许电流（温度+25℃时）/A	质量/(kg/km)
		铝芯	钢芯	电线	钢芯			
LGJ型钢芯铝	16	6×1.80	1×1.80	5.40	1.80	2.04	105	62
	25	6×2.20	1×2.20	6.60	2.20	1.38	135	92
	35	6×2.80	1×2.80	8.40	2.80	0.85	170	150
	50	6×3.20	1×3.20	9.60	3.20	0.65	220	196
	70	6×3.80	1×3.80	11.40	3.80	0.46	275	275
	95	28×2.08	7×1.80	13.70	5.40	0.33	335	404
	120	28×2.29	7×2.00	15.20	6.00	0.27	380	492
	150	28×2.59	7×2.20	17.00	6.65	0.21	445	617
	185	28×2.87	7×2.50	19.00	7.50	0.17	515	771
	240	28×3.29	7×2.80	21.60	8.40	0.132	610	997

表 3-9 铝导线载流量温度校正系数

周围空气温度/℃	+15	+20	+25	+30	+35	+40
校正系数	1.11	1.05	1.00	0.94	0.88	0.81

二次侧额定电压（如10kV）的5%~10%；对于低压线路，自配电变压器二次侧出口端至线路末端（不包括接户线）的允许电压损耗一般为额定配电电压（如380V）的4%~5%。

满足机械强度是指导线不能太细，要防止导线在运行中断线。配电线路导线的横截面积按机械强度要求不应小于表3-10所列数值。低压线路与铁路交叉跨越挡，当采用裸铝绞线（LJ）时，横截面积不应小于35mm^2。

表 3-10 导线最小横截面积（按机械强度要求）

线路 导线种类	高压线路/mm^2		低压线路/mm^2
	居民区	非居民区	
铝绞线、铝合金绞线	35	25	16
钢芯铝绞线	25	16	16
铜绞线	16	16	ϕ3.2

按经济电流密度选择横截面积是为了使导线在运行中电能损耗较小，同时使非铁金属消耗也不至于太大。因为从减小运行中电能损耗的角度考虑，导线横截

面积越大越好，但消耗的非铁金属就越多；从节省非铁金属的角度考虑，导线横截面积越小越好，但却会使导线运行中电能损耗增大。所以从兼顾两方面角度考虑，导线有一个经济横截面积，在经济横截面积运行时电能损耗相对较小，消耗的非铁金属也相对较少。单位经济横截面积允许的电流大小称为导线的经济电流密度。

我国规定的架空电力导线和电缆的经济电流密度见表 3-11。

表 3-11 架空电力导线和电缆的经济电流密度

	线路类别	导线材料	年最大负荷利用时间		
			3000h 以下	3000～5000h	5000h 以上
经济电流密度/(A/mm²)	架空线路	铝	1.65	1.15	0.90
		铜	3.00	2.25	1.75
	电缆线路	铝	1.92	1.73	1.54
		铜	2.50	2.25	2.00

按经济电流密度选择的导线经济横截面积必须再按发热条件复核，即必须满足正常工作中发热的要求。

2. 电杆的维修更换必须按照安全要求进行

当架空配电线路的电杆因外力破坏而被折断或倾倒时，为了线路的正常运行，维修电工应及时对电杆进行更换或扶正，其施工过程一定要符合安全要求。

1）立杆、撤杆要设专人统一指挥。开工前应讲明施工方法及信号。工作人员要明确分工、密切配合、服从指挥。在居民区和交通要道上立杆、撤杆时，应设专人看守，防止行人接近。

2）立杆、撤杆要使用合格的起重、支撑设备和拉绳，使用前应仔细检查，必要时要进行试验。使用方法应正确，严禁过载使用。

3）立杆过程中，杆坑和杆下禁止有人工作或走动，除指挥人员及指定人员外，其他人员必须离开 1.2 倍杆高的距离。

4）立杆或修整杆坑时，应有防止杆身滚动、倾斜的措施，如：采用叉杆和拉绳控制等。

5）顶杆及叉杆只能用于竖立重量较轻的单杆，不得用铁锹、桩柱等代用。立杆前应开好“马道”，工作人员要均匀地分配在电杆两侧。

6）利用旧杆做支撑物立杆、撤杆时。应首先检查杆根，必要时可加设临时拉线。

7）使用吊车立杆、撤杆，绳套应吊在杆的重心偏上位置，防止电杆失去平衡而突然倾倒。

8）在撤杆工作中，拆除杆上导线前，应先检查杆根；在挖坑前应先绑好拉绳。并采取防止倒杆措施。

9）使用抱杆立杆时，主牵引绳、尾绳、电杆中心及抱杆顶应在一条直线上。抱杆应均匀受力，两侧拉绳应拉好，不能左右倾斜。

10）电杆起立离地后，应对各受力点处作一次全面检查，特别是拉绳及其连接点和拉桩。经检查确实没有问题，再继续起立。起立60°后，应减缓速度，注意各侧拉绳。

11）用水泥砂浆将杆顶严密封堵。

3. 维修电工登杆时的安全要求

1）上杆前应先检查杆根是否牢固。新立电杆在杆基没有完全牢固前，不能攀登。遇有冲刷、起土、上拔的电杆，应先培土加固，支好架杆或搭临时拉绳后，再上杆。凡是遇到导线、拉线松动的情况时，应先检查杆根，并搭好临时拉线或支好架杆后再上杆。

2）上杆前应先检查登杆工具，如脚扣、踏板、安全带、梯子等，必须完整、牢固。

3）在电杆上工作，必须使用安全带和戴安全帽。安全带应系在电杆及牢固的构件上，应防止安全带从杆顶冒出或被锋利物体割伤。系好安全带后，必须检查扣环是否牢固。杆上作业转位时，不得失去安全带的保护。电杆上有人工作时，不得调整或拆除拉线。

4）使用梯子时，要有人扶持或绑牢。

5）攀登横担时，应检查横担及紧固件是否牢固、良好。

6）现场人员应戴安全帽。杆上人员应防止掉东西，使用的工具、材料都应用绳索传递，不得抛扔，杆下严禁行人逗留。

7）遇有大雾、雷雨或5级以上的大风时，严禁登杆作业。

4. 维修电工放线、撤线或紧线时的安全要求

架空配电线路经过长期的风吹雨打，难免会出现各种故障，这就需要维修电工根据故障情况进行维修，架空配电线路的维修一般包括放线、撤线或紧线三项主要操作，在施工过程中一定要按照安全规程进行操作。

1）放线、撤线和紧线工作，均应设专人统一指挥、统一信号，应检查紧线工具及设备，确保良好。

2）放、撤各种与线路、铁路、公路、河流等交叉跨越的线路时，应先取得有关部门的同意，采取安全措施，如搭设可靠的跨越架、在路口设专人持信号旗看守等。

3）紧线、撤线前应先检查拉线、拉桩及杆根。如不牢固时，应加设临时拉线加固。

4）紧线前，应检查导线有无被障碍物挂住。紧线时，应检查接线管或接线头以及滑轮、横担、树枝、房屋等有无卡住。如发现导线被挂住、卡住，应停止紧线，并妥善处理。工作人员不得跨在导线上或站在转角内侧防止意外跑线时抽伤。

5）严禁采用突然剪断导线的方法撤线。

5. 横担维修更换时的安全要求

当横担被外力破坏扭弯时，应及时更换横担，其安全要求包括：

1）横担安装应平直，从线路方向看，其端部上下歪斜禁止超过20mm；从线路方向的两侧看，横担端部左右歪斜禁止超过20mm。双杆横担左右扭斜禁止大于横担总长的1%。

2）单横担在电杆上安装在负载侧面；承力杆单横担安装在张力的反侧；直线杆、终端杆、耐张杆横担与线路方向垂直30°以下转角杆的横担应与角平分线方向一致。

3）同杆架设的双回线路，横担间的垂直距离应符合规定的要求。

4）当线路为多层排列时，自上而下的顺序为：高压、动力、照明、路灯；当线路为水平排列时，上层横担距离顶杆不宜小于200mm；直线杆的单横担应装于受电侧，20°转角杆及终端杆应装于拉线侧。

5）螺栓的穿入方向一般为：水平顺线路方向，由送电侧穿入；垂直方向，由下向上穿入，开口销钉应从上向下穿。

6）使用螺栓紧固时，都应装设垫圈、弹簧垫圈，且每端的垫圈不应多于两个；螺母紧固后，螺杆外露不应少于两扣，但最长不应大于300mm，双螺母可平扣。

7）陶瓷横担安装时，在固定处要加橡胶垫，垂直安装时，顶端歪斜不应大于10mm；水平安装时，顶端应向上翘起5°~15°。

6. 绝缘子维修更换时的安全要求

绝缘子在使用过程中，会出现碎裂等故障，这时就要及时更换，更换时一定要遵守如下的安全要求：

1）安装前检查绝缘子表面应清洁无污，否则要擦拭干净。

2）瓷釉应光滑，禁止有裂纹、斑点、烧痕、缺釉、气泡等缺陷。

3）所有紧固铁件应镀锌良好。

4）针式绝缘子应与横担垂直，禁止平装或倒装。

5）悬式绝缘子、蝶式绝缘子、连接金具必须结合紧密、外观无损。

6）绝缘子的交流耐压试验，要用500V绝缘电阻表测试，低压绝缘子的绝缘电阻禁止小于10MΩ。

7. 拉线维修更换时的安全要求

1）将已装好底把的拉线盘滑入坑内，找正后分层填土夯实，用拉线抱箍将拉线上端固定在电杆上。

2）拉线与电杆的夹角不应小于45°，若受环境限制，不应小于于30°，水平拉线的拉桩坠线与拉桩杆夹角不应小于30°。

3）终端杆及耐张杆承力拉线应与线路方向对正，分角拉线应与线路分角线方向对正，防风拉线应与线路方向垂直。

4）拉线盘的埋设深度禁止小于1.3m，并符合设计要求。

5）水平拉线的拉桩杆的埋设深度禁止小于杆长的1/6，拉线距离路面中心的垂直距离禁止小于6m，拉桩坠线上固定点距离拉桩杆顶应为0.25m，距离地面禁止小于4.5m。

6）回填土时应将土块打碎，每回填500mm应夯实一次，且设置高出地面300mm的防沉面。

7）拉线位于交通要道或人易接触的地方，必须加装套管保护。套管上端垂直距离地面不能小于1.8m，且应涂有明显标志（如红、白相间的油漆）。

8）进行拉线中、底把连接，可使用紧线器拉紧拉线，并使终端杆及转角杆向拉线侧倾斜，应保证使紧线后的终端杆及转角杆向拉线侧的倾斜大于一个电杆梢径；水平拉线的拉桩杆向张力反方向倾斜15°~20°。

9）UT线夹及花篮螺栓的螺杆必须露扣，调整后，UT线夹的双螺母应并紧，花篮螺栓应封固。

8. 更换电缆时，选择原则必须合理

1）电力电缆型号的选择，应根据环境条件、敷设方式、用电设备的要求和产品技术数据等因素来确定，一般按下列原则考虑。

① 埋地敷设的电缆，宜采用有外护层的铠装电缆。在无机械损伤可能的场所也可采用塑料护套电缆或带外护层的铅（铝）包电缆。

② 在可能发生位移的土壤中（如沼泽地、流砂、大型建筑物附近）埋地敷设电缆时，应采用钢丝铠装电缆。

③ 在有化学腐蚀或杂散电流腐蚀的土壤中，不宜采用埋地敷设电缆。如果必须埋地时，应采用防腐型电缆。

④ 敷设在管内的电缆可采用塑料护套电缆，也可采用裸铠装电缆。

⑤ 在电缆沟或电缆隧道内敷设的电缆，宜采用裸铠装电缆、裸铅（铝）包电缆或阻燃塑料护套电缆。

⑥ 架空电缆宜采用有外护层的电缆或全塑电缆。

⑦ 当电缆敷设在较大高低差的场所时，宜采用塑料绝缘电缆、不滴流电缆或干绝缘电缆。

⑧ 三相四线制线路中应选用四芯电力电缆。

2）电缆横截面积的选择，一般按电缆长期允许载流量和允许电压损耗确定，并考虑环境温度的变化、多根电缆的并列和土壤热阻率等的影响，分别根据敷设的条件进行校验。若选出的横截面积为非标准横截面积时，应按上限选择。

3）电缆线路应进行短路情况下的热稳定校验（用熔断器作为短路保护的电缆线路除外）。

4）电缆运行中不允许长期过载，过载能力：10kV 为 15%。

9. 电缆线路的检查周期

1）敷设在土中、隧道中以及沿桥梁架设的电缆，每 3 个月至少巡视检查一次。根据季节及基建工程特点，应增加巡查次数。

2）电缆竖井内的电缆，每半年至少巡查一次。

3）水底电缆线路，由现场根据具体需要规定，如水底电缆直接敷于河床上，可每年检查一次水底线路情况。在潜水条件允许下，应派遣潜水员检查电缆情况；当潜水条件不允许时，可测量河床的变化情况。

4）发电厂、变电所的电缆沟、隧道，电缆井、电缆架及电缆线路段等的巡查，至少每 3 个月一次。

5）对挖掘暴露的电缆，按工程情况，酌情加强巡视。

6）电缆终端头，由现场根据运行情况，每 1～3 年停电检查一次；污秽地区的电缆终端头的巡视与清扫的期限，可根据当地的污秽程度予以决定。

10. 电缆线路的巡检项目

1）对敷设在地下的每一电缆线路，应查看路面是否正常，有无挖掘痕迹及路线标桩是否完整无缺等。

2）电缆线路上不应堆置瓦砾、矿渣、建筑材料、笨重物件、酸碱性排泄物或砌堆石灰坑等。

3）对于通过桥梁的电缆，应检查桥堍两端电缆是否拖拉过紧，保护管或槽有无脱开或锈烂现象。

4）对于备用排管应该用专用工具疏通，检查其有无断裂现象。

5）入井内的电缆铅包在排管口及挂钩处，不应有磨损现象，需检查衬铅是否失落。

6）对户外与架空线路连接的电缆和终端头应检查终端头是否完整，引出线的接头有无发热现象和电缆铅包有无龟裂漏油，靠近地面一段电缆是否被车辆碰撞等。

7）多根并列电缆要检查电流分配和电缆外皮的温度情况，防止因接头不良而引起电缆过载或烧坏接头。

8）隧道内的电缆要检查电缆位置是否正常，接头有无变形漏油，温度是否异常，构件是否失落，通风、排水、照明等设施是否完整。

9）充油电缆线路无论其投入运行与否，都要检查油压是否正常。油压系统的压力箱、管道、阀门、压力表是否完善。并注意，其与构架绝缘部分的零件有无放电现象。

10）应经常检查临近河岸两侧的水底电缆是否有受潮水冲刷现象，电缆盖板有否露出水面或移位。同时检查河岸两端的警告牌是否完好，瞭望是否清楚。

11）查看电缆是否过载，电缆线路原则上不允许过载运行。

12）敷设在房屋内、隧道内和不填土的电缆沟内的电缆，要特别检查防火设施是否完善。

11. 电缆线路的常见故障维修

1）电缆线路发生故障（包括做电缆预防性试验时击穿的故障）后，必须立即进行修理工作，以免水分大量侵入，扩大损坏的范围。处理步骤主要包括故障测寻、故障情况的检查及原因分析、故障的修理和修理后的试验等。消除故障务必做到彻底，电缆受潮气侵入的部分应予以割除，绝缘剂有炭化现象的应全部更换。否则，修复后虽可投入使用，但过段时间故障又会重现。

2）为防止在电缆线路上面挖掘损伤电缆，挖掘时必须有电缆专业人员在现场守护，并告知施工人员有关施工的注意事项。特别是在揭开电缆保护板后，就不应再用镐、钢钎等工具，应使用不锋利的工具将表面土层轻轻挖去。用铲车挖土时更应随时提醒司机注意，以防损伤电缆。

3）防止电缆腐蚀。

① 当电缆线路上的局部土壤含有损害电缆铅包的化学物质时，应将该段电缆装于管子内，并用中性的土壤作电缆的衬垫及覆盖，且在电缆上涂覆沥青等。

② 当发现土壤中有腐蚀电缆铅包的溶液时，应调查附近工厂排出废水情况并采取适当改善措施和防护办法。

③ 为了防止电缆被化学物质腐蚀，必须对电缆线路上的土壤作化学分析，并有专档记载腐蚀物及土壤等的化学分析资料。

4）户内电缆终端头的维护。装置在户内的电缆终端头，结构比较简单，运行条件也较好，一般的维护工作有：

① 清扫终端头，检查有无电晕放电痕迹及漏油现象。对漏油的终端头应找出原因，并采取相应措施，以消除漏油现象。

② 检查终端头引出线接触是否良好。

③ 核对线路名称及相位颜色。

④ 检查支架及电缆铠装，涂刷油漆以防被腐蚀。

⑤ 检查接地情况是否符合要求。

5）户外电缆终端头的维护。装置在户外的电缆终端头，结构比较复杂，运行条件较差，一般维护工作有：

① 清扫终端头及瓷套管，检查盒体及瓷套管有无裂纹，瓷套管表面有无放电痕迹。

② 检查终端头引出线接触是否良好，特别是铜、铝接头有无腐蚀现象。

③ 核对线路名称及相位颜色。

④ 修理保护管及油漆锈烂铠装，更换锈烂支架。

⑤ 检查铅包龟裂和铝包腐蚀情况。

⑥ 检查接地情况是否符合要求。

⑦ 检查终端头有无漏胶、漏油现象，盒内绝缘胶（油）有无水分。绝缘胶（油）不满的应用同样的绝缘胶（油）予以补充。

6）隧道、电缆沟、人井、排管的维护。

① 检查门锁是否开闭正常，门缝是否严密，各进出口、通风口、防小动物进入的设施是否齐全，出入通道是否畅通。

② 检查隧道、人井内有无渗水、积水。有积水要排除，并将渗漏处修复。

③ 检查隧道、人井电缆在支架上有无割伤或蛇行擦伤，支架有否脱落现象。

④ 检查隧道、人井内电缆及接头情况，应特别注意电缆和接头有无漏油，接地是否良好。必要时应测量接地电阻和电缆的电位，防止电蚀。

⑤ 清扫电缆沟和隧道、抽除井内积水，清除污泥。

⑥ 检查入井井盖和井内通风情况，井体有无沉降和裂纹。

⑦ 检查隧道内防水设备、通风设备是否完善正常，并记录室温。

⑧ 检查电缆隧道照明。

⑨ 疏通备用电缆排管，核对线路名称。

12. 一根低压接户线所带户数不能超过 5 户

1）接户线的档距不应大于 25m，超过 25m 时应加装接户杆。木接户杆的梢径不应小于 70mm。任一套户线的长度不宜超过 50m，套户线一般沿墙敷设。沿墙敷设的接户线、套户线，两支持点之间的距离不应大于 6m。

2）每一根接户线所带户数一般不能超过 5 户。当计算单相负荷电流在 30A 及以下时，一般采用单相接户线；超过 30A 时，应采用三相四线制接户线。三相负荷应分配均衡。

3）接户线和套户线应选用耐候型绝缘电线，电线的横截面积按允许电流选择，其最小横截面积应符合表 3-12 中的要求。

表 3-12　接户线和套户线最小允许横截面积

架设方式	档　距	铜线/mm^2	铝线/mm^2
自杆上引下	10m 及以下（10～25m）	2.5（4.0）	6.0（10）
沿墙敷设	6m 及以下	2.5	4.0

4）接户线和套户线的横担长度应能满足线间距离的要求。线间距离，自杆上引下应不小于150mm，沿墙敷设为100mm。

5）为了保证安全，不被偶然碰触，接户线、套户线与道路和建筑物的有关部分应保持一定距离，不应小于表3-13中的数值。

表3-13 接户线、套户线对地及建筑物的最小距离

对地及跨越交叉的对象	最小距离/m
对地面距离	2.5
跨越通车的街道	6.0
通车困难的街道、人行道	5.0
不通车的人行道、胡同	3.0
与下方窗口的垂直距离	0.3
与上方阳台或窗口的垂直距离	0.8
与窗口或阳台的水平距离	0.75
与墙壁、构架的水平距离	0.05
与通信、广播线交叉	0.60

6）在多雷区（年平均雷电日大于40天的地区），为防止雷电过电压沿接户线引入室内，以致造成人身事故，应将接户线绝缘子的铁脚接地。

13. 不同规格、不同材料、不同绞向的导线不能在同一耐张段内连接

1）当不同规格的导线在同一耐张段内连接时，由于应力分配不同，容易造成断线。这是因为在同一耐张段内导线的水平拉力是相同的，若在同一耐张段内有两种规格的导线，它们所承受的水平拉力大小相等，但应力却不相同，大规格的应力小，小规格的应力大，结果小规格的导线可能因机械过载而断线。

2）不同金属材料的导线连接时会出现：

① 由于膨胀程度不同，而造成温度变化时接头松脱；

② 造成严重的电化学腐蚀缺陷。

所以一般在电路里不准直接连接，更不允许在受力的耐张段内连接。

3）不同绞向的导线连接时，容易造成松股断线。这是因为架空线路用的导线，都是由多股单线分层绞合组成的，每一层都有一定的绞向，相邻两层的绞扭方向相反，而且规定最外层为右向绞和。这样的组合绞线，若在同一耐张段内连接时，必须保证它们绞扭方向的一致性，否则会在运行中造成松股现象。一旦松股，各股线的受力相差较大，会酿成断股、断线事故。

14. 进户线、通信线、广播线不能同管入户

1）强电线路通过电流时，还会在四周产生交变磁场，处于该交变磁场下的弱电线路，就会有电磁感应，从而产生不利于通信线路、广播线路的感应电动势

和电流，轻则影响音效，重则危及人身安全。

2）强、弱电线路同管入户，一旦弱电线路被击穿，就会烧毁通信设施，危及人身安全。

3）强、弱电线路同管入户，容易混淆，一旦检修时弄错，就会发生误触电事故。

4）强、弱电线路，各有专业特点，给日常检查维修工作增加困难。
基于上述原因，强、弱电线路不能同管入户。

15. 室内低压线路的安装必须遵守安全规程

1）室内线路设计。

① 户内布线装置中导线的最小横截面积和敷设间距离的要求应符合要求。选择导线横截面积时，除应考虑安全载流量外，还应考虑线路允许的电压损失和机械强度。

② 车间照明和电力线路应分开放置，不同电压、不同电压等级的线路应十分明显地分开敷设，以方便维修和检查。

③ 线路装置严禁利用大地作相线或零线。单相或二相三线供电时，零线与相线横截面积不同；三相四线供电的零线横截面积应符合规定。

④ 除花灯及壁灯等线路外，一般照明每一支路的最大负荷电流不应超过15A，装接插座数一般不超过15只。用电热设备时，每一支路的最大负荷电流不应超过30A，装接插座数一般不超过6只。

2）室内线路安装。

① 导线不得直接贴在木头、墙壁或其他建筑物上，导线不得裸露。

② 布线过程中，应尽量减少导线间的连接；接头应采用压接或焊接工艺；铜、铝线间的连接应用铜铝过渡接头或铜线上镀锡，以防电化学物质腐蚀；所有接头与分支处应尽量使其不受大的机械拉力。

③ 管内、木槽板内的导线不得有接头和分支处，以免使用久会接触不良而引起过热以致起火，必要时可把接头做在接线盒内。

④ 所有明布线的接头应放在便于检查和检修的位置上。导线与电器端子的连接应压实、使其牢固可靠。

⑤ 导线绝缘层必须良好，其接头处应加绝缘包布包扎，且绝缘强度不应小于导线的原有绝缘强度。腐蚀性场所使用的导线应采用塑料绝缘线或铅包线。

3）线路施工后的测试。布线完工后，通电前应测试其绝缘电阻，其值不小于下列数值：相对地为0.22MΩ；相对相为0.38MΩ；对于36V低压线路为0.22MΩ；潮湿、有腐蚀性蒸气和气体的场所，绝缘电阻值标准可降低1/2。

4）彩灯安装。

① 彩灯应采用绝缘电线。干线和分支线的最小横截面积除满足安全电流外，

不应小于2.5mm²，灯头线不应小于1.0mm²。每个支路负荷电流不应超过10A。导线不能直接承力，导线支持物应安装牢固，彩灯应采用防水灯头。

② 供彩灯的电源，除总保护控制外，每个支路应有单独过电流保护装置，并加装剩余电流动作保护器。

③ 彩灯的导线在人能接触的场所，应有“电气危险”的警告牌。

④ 彩灯对地面距离小于2.5m时，应采用特欠电压。

16. 室内电气线路的火灾预防

1）电气线路短路引起的火灾预防。电气线路发生短路时，由于线路阻抗小，短路电流就相当大，比正常工作电流要大到几十倍。这么大的电流使线路在短时间内产生大量热量，如不能立刻散发到周围空气中去，导线温度就会很快升高，从而引起绝缘材料受热燃烧。有时短路产生的火花也会使距离线路很近的可燃物起火，造成火灾。

由于电气线路短路而引起的火灾预防措施如下：

① 线路安装好后要认真严格检查线路敷设质量；测量线路相间绝缘电阻及相对地绝缘电阻（用500V绝缘电阻表测量，绝缘电阻值不应小于0.5MΩ）；检查导线及电气器具产品质量，都应符合国家现行技术标准和要求。

② 定期检查测量线路的绝缘状况。及时发现缺陷，并进行修理或更换。

③ 线路中保护设备（熔断器、低压断路器等）要选择正确，动作可靠。

2）电气线路中由于导线过载引起的火灾预防。一定的导线横截面积就有一个相应的长期允许电流。线路中最大的工作电流应小于导线长期发热允许电流，只有这样，导线发热才能不超过其长期允许温度，保证安全运行。如果导线中的电流超过了它的长期允许电流，导线发热就要超过其长期发热允许温度，这样就要加速导线绝缘的老化。温度超过太多时就会引发绝缘材料燃烧，引起火灾。

对于导线过载引起火灾的预防措施有：

① 导线横截面积要根据线路最大工作电流来正确选择，而且导线质量一定要符合现行国家技术标准。

② 不得在原有的线路中擅自增加用电设备。

③ 经常监视线路运行情况，如发现严重过载现象时，应及时切除部分负荷或加大导线横截面积。

④ 线路保护设备应完备，一旦发生严重过载或长期过载电流相当大时，应切断电路，避免事故发生。

3）电气线路连接部分接触电阻过大，造成严重发热引起的火灾预防：

线路中导线与导线或导线与开关、熔断器、闸刀，以及负载连接的地方不牢固、不紧密，连接处接触电阻就会大大增加，电流通过时就会过热，从而引发火灾。同时，接触不好的地方还会产生电火花引起附近可燃物起燃，引发火灾。因此导线连接以及导线与设备连接必须严格按规范规定进行，必须接触紧密。连接时要认真处理，保证连接后接触电阻符合规定。同时，应尽量减少接头。在管子内布线、槽板布线等不准有接头。

导线连接要求如下：

① 连接后与未连接时导线电阻应相同；

② 导线连接后恢复绝缘层后的绝缘电阻应与未连接时的绝缘电阻相同；

③ 连接后导线的机械强度不能减小到80%以下。

平时应经常在运行中监视线路和设备的连接部分，如发现有松动或过热现象应及时处理或更换，以保证安全。

在有电气设备和电气线路的车间等场所，应设置一定数量的灭火器材（例如“1211”灭火器等），并会正确使用。

17. 低压断路故障的安全维修

断路是指线路中某一回路不正常断开，出现断路的线路由于无电流通过而不能工作。检测方法有：

1）万用表检查法。

① 主电路断路故障的查找。首先确定故障元器件，用电压测量法检查主电路断路故障如图3-86所示，从三相电源向负荷侧依次测量各元器件进线端和出线端的电压，即：

从三相电源 L_1、L_2、L_3

↓

三相刀开关QK的进线端（上接线端）

↓

三相刀开关QK的出线端（下接线端）

↓

熔断器FU的进线端

↓

FU的出线端

↓

负荷

通过测得的电压来判断各元器件、连接导线是否正常。例如，测得刀开关QK的进线端三相电压正常，而QK的出线端三相电压不正常，则表明刀开关QK的某刀口接触不良或损坏。

这时就可以查找故障点了，若测得 L_1、L_2 两点间的电压正常，而 U_{11}、V_{11} 两点间的电压不正常，这时可测量 U_{11}、L_2 两点间的电压，若电压正常，则表明刀开关的 L_2 相的动触头与静触头接触不良。

② 控制电路断路故障的查找。控制电路断路时，各降压元器件不再有电压降，电源电压全部加在断路点两端，所以可用万用表电压挡测量电压来判断断路故障点。用电压测量法检查控制电路断路故障，如图 3-87 所示。

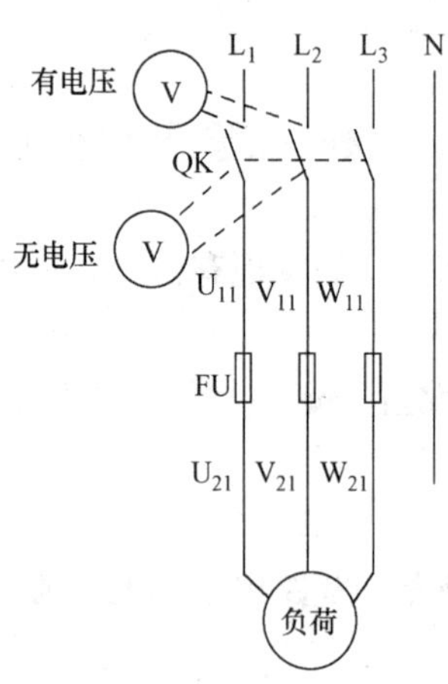

图 3-86 用电压测量法检查主电路断路故障

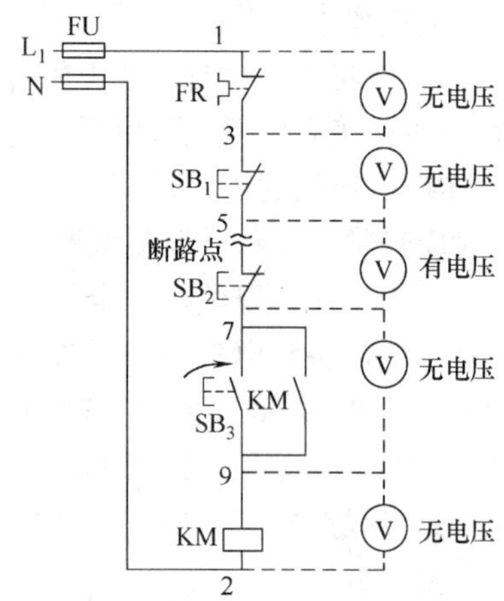

图 3-87 用电压测量法检查控制电路断路故障

首先测量 1—2 两标号点间的电压，判断电源和熔断器 FU 是否正常。若 1—2 间无交流 220V，则表明熔断器熔断；若 1—2 间有交流 220V，可把万用表一根表笔固定于标号点 2，按下按钮 SB_3，另一根表笔逐个测量控制电路中各触头间的电压，正常时除线圈 KM 两端（2—9 两点间）有交流 220V 电压外，其余相邻各点间的电压均应为“0”，否则视为断路或接触不良。例如，测得 5—7 两点间的电压为交流 220V，则表明按钮 SB_2 或其两端连线为断路故障点。

2）校验灯检查法。

① 跨接法。首先确定故障相，如图 3-88a 所示，接通电源，把串联 2 只 220V 灯泡的校验灯的两引线分别跨接在三相电源接线柱上，若测量 L_1、L_2 两相时，校验灯亮，而触及 L_2、L_3 两相时，校验灯微亮，则表明 L_3 相为断路相。

确定了故障相后，查找故障点的方法如图 3-88b 所示，从上至下分别跨触 L_3 相的刀开关、熔断器、接触器主触头及其连接导线（经负荷后，断路点两端有电压降），若触及两接线端时，校验灯突然发光，则表明刚跨过的触头、连接导线断路或接触不良。

② 一点接地法。首先确定故障相，如图 3-89a 所示，接通电源，将校验灯的一端接地或接中性线，另一端分别触及三相电源，若触及某相时校验灯微亮，则表明被测相为断路相。

确定了断路相后，查找故障点的方法如图 3-89b 所示，从上至下分别测量断

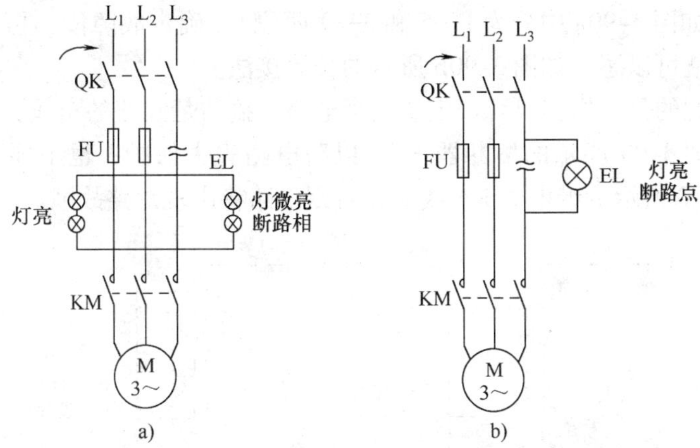

图 3-88 用跨接法检查主电路断路故障

a）确定故障相 b）查找故障点的方法

线相的各触头（包括刀开关、熔断器、接触器主触头）的对地电压，若测到某处校验灯微亮或不亮，则表明刚跨接过的熔断器、触头为断路故障点。

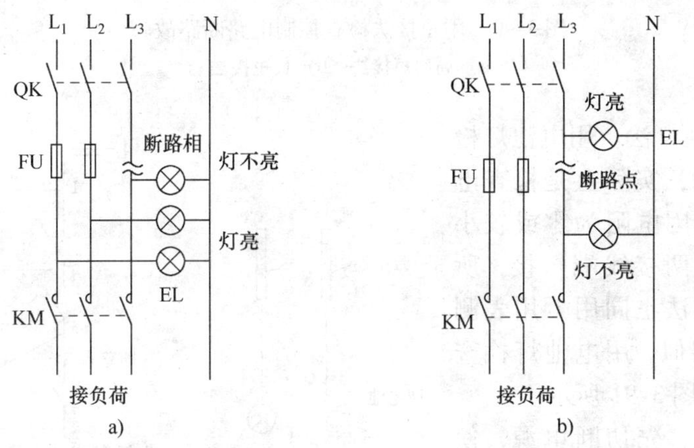

图 3-89 用一点接地法检查主电路断路故障

a）确定故障相 b）查找故障点

③ 短接法。短接法是把电气设备的某触头或某段线路用导线短接起来，以判断断路故障是否在短接处，若短接后故障消除，则表明故障在短接部位，否则可判断故障在短接点之外。

在如图 3-90a 所示局部短接法的电路中，继电器 KA 不吸合，可用导线分别将 1—3、3—5、5—7、7—9 等标号点短接，若短接到某处时，继电器吸合，则表明短接处断路。也可直接先将 1—9 短接，看是否是断路故障，然后从线路的中间短接（如图 3-90a 中分为 1—5 和 5—9 两段），确定故障段，再分别短接故障段的触头就可以了，如图 3-90b 所示的长短接法。

应该注意的是：短接时，一定要结合电路，搞清楚线路的布线，不要短接保护元件，如图 3-90 所示的熔断器 FU，以防电路失去保护；也不要短接降压元件，如图 3-90 所示的继电器 KA 线圈，否则电路将出现短路故障。

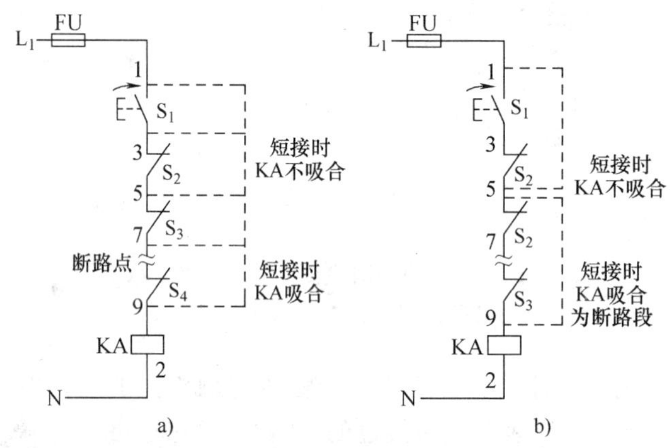

图 3-90　用短接法检查控制电路断路故障

a）局部短接法　b）长短接法

3）电池灯法。用电池灯检查电路通断，实际上是检查电路的电阻。因电阻为零或较小时，相当于两接线端短接，所以其检查方法也同用万用表测量电阻法相似。用电池灯检查断路故障如图 3-91 所示。

检查前，先切断电源，使被测电路与其他电路断开联系。

检查时，逐个检查各按钮或触头，经过按钮或常开触头时要将触头闭合，当测量至某按钮或触头时，电池灯不亮，则表明电池灯两测试点所跨接的触头断路或接触不良。

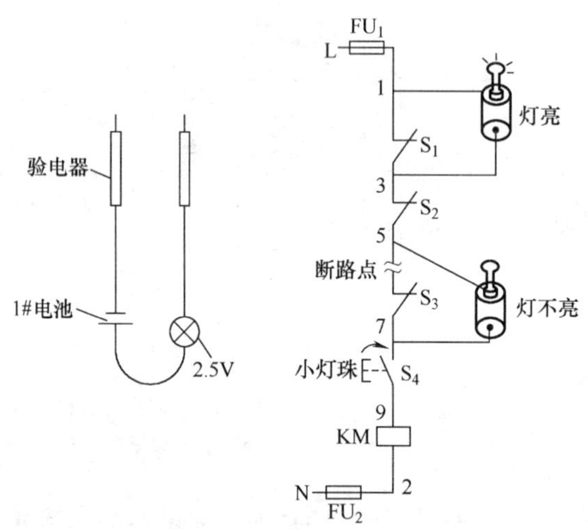

图 3-91　用电池灯检查断路故障

4）电位测量法。不同的工作态，线路中各点的电位分布是不一样的，所以可以通过测量和分析线路中主要测试点的电位，来确定故障部位。电位测量可用验电器、万用表、示波器等工具。用验电器检查照明电路断路故障如图 3-92 所示。

检查时，先用验电器从电源 L_1 侧依次测量标号点1、3、5、7、9，验电器都应亮，若测量到哪一点时验电器不亮，则验电器刚测量的点向后触头为故障点。例如测量到标号点7时验电器不亮，而测量到标号点5时验电器亮，则表明5—7间的按钮触头接触不良或连接导线松脱。

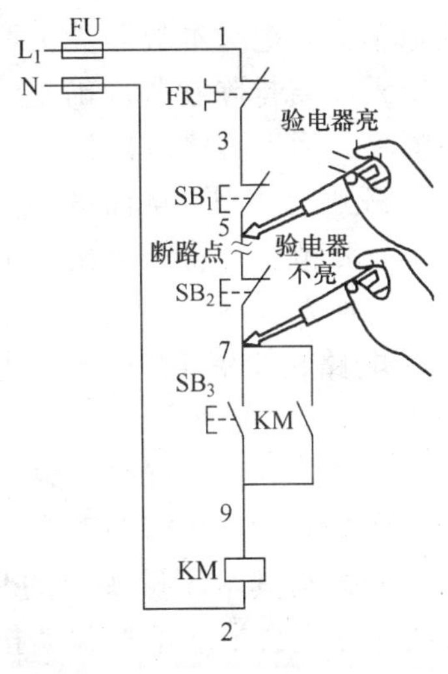

图3-92　用验电器检查断路故障

注意：

① 测量有一端接地的交流220V控制电路时，应从电源 L_1 侧开始测量，测量到线圈的另一侧时，必须把地线拆掉或断开。

② 在检查交流380V带有变压器的控制电路中的熔断器是否熔断时，防止由于电源从未熔断相的熔断器和变压器的一次绕组回到已熔断相的出线端，而使判断发生错误。

18. 低压短路故障的安全维修

短路是指线路中不同电位或电压等级的两点被短接，由于短路时存在较大的短路电流，很容易使线路及元器件损坏。短路故障的形式有很多，如常见的触头本身短路、触头间短路、电源间短路等。无论哪种短路故障，短路点的阻抗都表现为零阻抗，所以短路故障可以通过测量电路的阻抗来检查。

1）用分析法检查触头或元器件本身短路故障。触头本身短路表现为电路的运行状态异常，对于比较简单的电路，可以通过分析电路的工作原理，了解电路中各个元器件的作用，从而找出故障点。

在图3-93所示的电路中，当短路时，会出现按下停止按钮 SB_1，不能切断接触器KM的控制电路，电动机不能停转的现象；当与 HL_1 串联的KM常闭触头短路时，会出现电动机起动后指示灯 HL_1 不熄灭的现象。当然也可以用阻抗测量法检查所怀疑的触头、元器件，若断开的触头的电阻为“0”，则说明此触头短路。

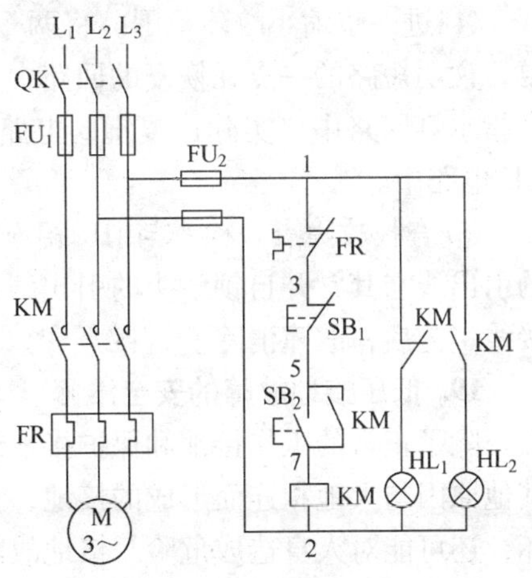

图3-93　用分析法检查触头或元器件本身短路故障

2）用回路分割法检查触头间短路故障

回路是电流流通的路径，对于较复杂的电气线路或电气设备，可把互相连接的电气线路分割成各个独立回路，以确定故障范围，然后根据故障现象，确定或缩小故障单元，把与本故障无关联的单元电路排除在外。确定了故障单元后，再将故障区域内的电路分割开来，从而进一步缩小故障范围，直至查出故障点。这种方法不但常用于强电控制电路，也常用于电子电路中。

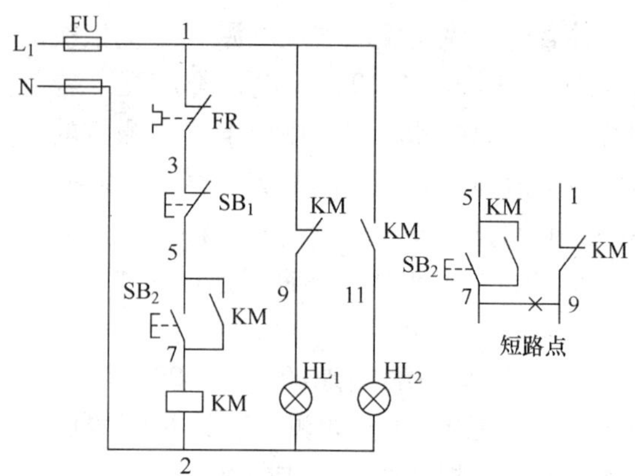

图 3-94　用回路分割法检查触头间短路故障

在图 3-94 所示的电路中，接触器 KM 的常开辅助触头上的 7 号线与其常闭触头上的 9 号线短路，会出现不按起动按钮 SB_2，接触器 KM 就吸合的故障现象（电源通过 9 号线上的 KM 常闭触头使线圈得电）。

① 确定故障性质。切断电源，取下 FU 的内装熔体，将主电路与控制电路分开，用万用表测量 1—7 间的电阻为零，说明线路存在短路故障。

② 检查重点部位。由于不按起动按钮 SB_2，接触器 KM 就吸合，首先检查起动按钮 SB_2有无卡阻，SB_2上的接线头是否短路。经检查，起动按钮 SB_2无短路故障。

③ 确定故障范围。由于支路较多，短路故障可能与信号支路有关。为方便检查，可将两个指示灯拆开，如故障排除，说明短路故障与指示灯电路有关，否则短路故障与指示灯电路无关。

④ 进一步缩小故障范围。将两个指示灯电路中的一个复位，如果故障又恢复，说明短路的一点在恢复的回路中；如故障没有恢复，说明短路的一点在另一个指示灯回路中。实际恢复 HL_1 电路时，故障重现，说明短路故障的一点就在 HL_1 电路中。

⑤ 查找故障点。检查与 HL_1 相连的 KM 常闭触头上的接线发现，该常闭触头的引出线与其常开自锁触头的引出线由于毛刺短路，即 7—9 号线路短路。改进接线工艺后，故障消除。

19. 低压接地故障的安全维修

除了正常的工作接地和保护接地外，线路中某点因绝缘层损坏、安装不当或其他原因与大地相连而形成的接地，称为故障接地。故障接地不但会导致设备损坏，还可能对人身造成危险。接地故障常用万用表和绝缘电阻表检查。

在图 3-95 所示的电路中，HL_1 的外壳接地，可用万用表或绝缘电阻表检查，现以绝缘电阻表检查为例说明其检查过程。

1）确定故障范围。检查前，断开电源，取下 FU 的内装熔体，将控制电路与主电路分开，分别测量主电路和控制电路的对地绝缘电阻，结果发现主电路对地绝缘电阻为“∞”，而控制电路的对地绝缘电阻为“0”，则表明控制电路接地。

2）缩小检查范围。为方便检查，可将两个指示灯电路拆开，分别测量 3 个支路的对地绝缘电阻，实际测得接地故障在指示灯 HL_1 支路。

3）查找故障点。由于 HL_1 支路上的元器件、导线较少，可分别检查各元器件、接头，最后发现 HL_1 绝缘层损坏后，通过其金属外壳接地。更换 HL_1 后，故障排除。

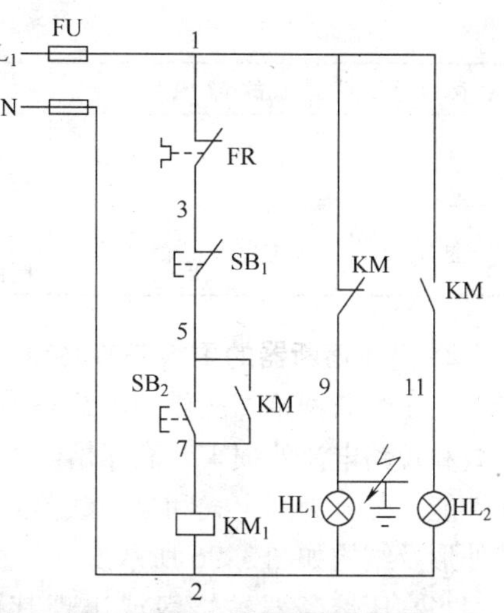

图 3-95 接地故障的查找

四、高低压电气设备维修时的反习惯性违章安全要求与禁忌

1. 高压电气系统常发生的电气故障及安全应急处理措施

高压电气系统常发生过载、短路、缺相、接地、雷击、过电压等故障，基本与低压系统相同，但是采用的安全保护措施却非常复杂，危害也比低压系统大得多，高压电气系统故障及应急处理措施见表 3-14。

表 3-14 高压电气系统故障及应急处理措施

故障类别	故障原因	危害	应急处理措施
过载	负荷太大，机械负荷过重，机械故障	绝缘层老化，电器元件发热，跳闸，火灾	装设过电流保护装置、熔断器、过载保护装置
短路	电气设备或线路的绝缘层老化被击穿，相与相或相与地接触	烧坏电器，烧毁导线或母线，火灾，绝缘层被破坏，拉坏绝缘子	装设熔断器、断路器、电流速断保护装置、差动保护装置、距离保护装置、方向电流保护装置、三段式电流保护装置等
断相	熔断器熔断，开关接触不良，电器内部断线	烧坏三相电动机或三相设备，电气系统不平衡，影响供电	装设断相保护装置
接地	断线，绝缘层损坏	系统不平衡，烧坏电气设备，影响供电	装设零序电流保护装置、零序方向电流保护装置、绝缘监察装置，中性点经消弧线圈接地

（续）

故障类别	故障原因	危　害	应急处理措施
雷击	雷电侵入	烧毁电气设备或线路造成停电	装设接闪器、避雷器、自动重合闸装置
过电压	雷电侵入，操作电压	电击，烧毁设备，跳闸停电	装设避雷器、保护间隙、击穿保险

2. 高压熔断器的更换安装必须符合安全要求

高压熔断器是高压供配电线路中最简单的保护电器，用来保护电气设备免受过载和短路电流的损害。高压熔断器按使用环境，可分为户内式和户外式；按动作性能，可分为固定式和自动跌落式；按工作特性，可分为限流型和无限流型。其外形及结构如图 3-96 所示。

当高压熔断器被烧毁或出现其他故障需要更换时，其安装必须符合安全要求：

1）熔断器的部件、附件、备件齐全，外观无损伤变形及锈蚀，瓷绝缘子无裂纹及破损，无焊接残留斑点等缺陷，瓷铁黏合牢固。接线端子及载流部件清洁且接触良好，一般应将熔断器插入底座或将跌落熔断器的鸭嘴合上进行实际测量。触头镀银层无脱落。

2）带钳口的熔断器，其熔管应紧密地插入钳口内；装有动作指示器的熔断器，应将指示器朝向便于检查的位置上，并保证检查时的安全距离。

3）跌落式熔断器的熔管应无裂纹、变形；熔断器轴线与铅垂线的夹角应为 15°～30°，转动部分灵活，跌落时不应碰及其他物体而损坏熔管。装好后应用拉杆作分合试验，应操作灵活，接触良好。

4）熔断器的安装应牢固，带灭弧罩的跌落式熔断器，灭弧罩的安装必须牢固可靠，用拉杆作分合试验时，不得因任何原因而松动或掉下脱落。

5）熔丝的规格必须按设计要求或运行要求选择，不得随意更换。熔丝应无弯曲、压扁或损伤，安装应紧密牢固。测量限流熔断器熔丝的直流电阻，其值与同型号产品相比不应有明显差别。

3. 高压隔离开关的更换安装必须符合安全要求

高压隔离开关是发电厂和变电站电气系统中重要的开关电器，由于没有专门的灭弧装置，所以需要与高压断路器配套使用，但高压隔离开关在分闸状态时有明显的断开点，所以可将设备与带电体可靠地分离。

高压隔离开关的种类很多，按安装地点不同分为，户内式和户外式；按绝缘支柱数目分为，单柱式、双柱式和三柱式；另外，各电压等级也都有可选设备。其外形及结构如图 3-97 所示。

与高压断路器串联连接，配套使用，以保证停电的可靠性。此外，在高压成

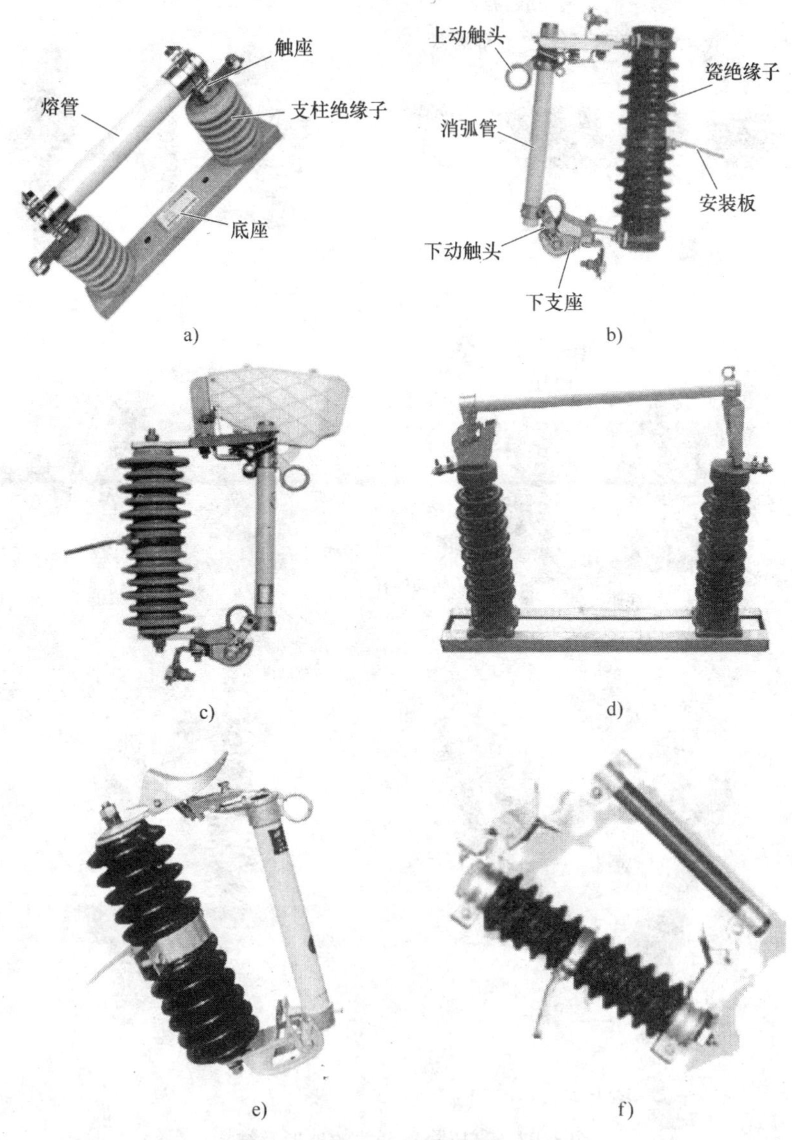

图 3-96　高压熔断器的外形及结构

a）RN1 型户内高压熔断器　b）RW11 型户外高压熔断器

c）RW10 型户外高压熔断器　d）RW5 型户外高压熔断器　e）RW3 型高压熔断器

f）RW4 型高压熔断器

套配电装置中，隔离开关常用作电压互感器、避雷器、配电所用变压器及计量柜的高压控制电器。当高压隔离开关损坏而需要更换时，必须符合下列安全要求：

1）户外型的隔离开关，露天安装时应水平安装，使带有瓷裙的支持绝缘子确实能起到防雨作用；户内型隔离开关，在垂直安装时，静触头在上方，带有套

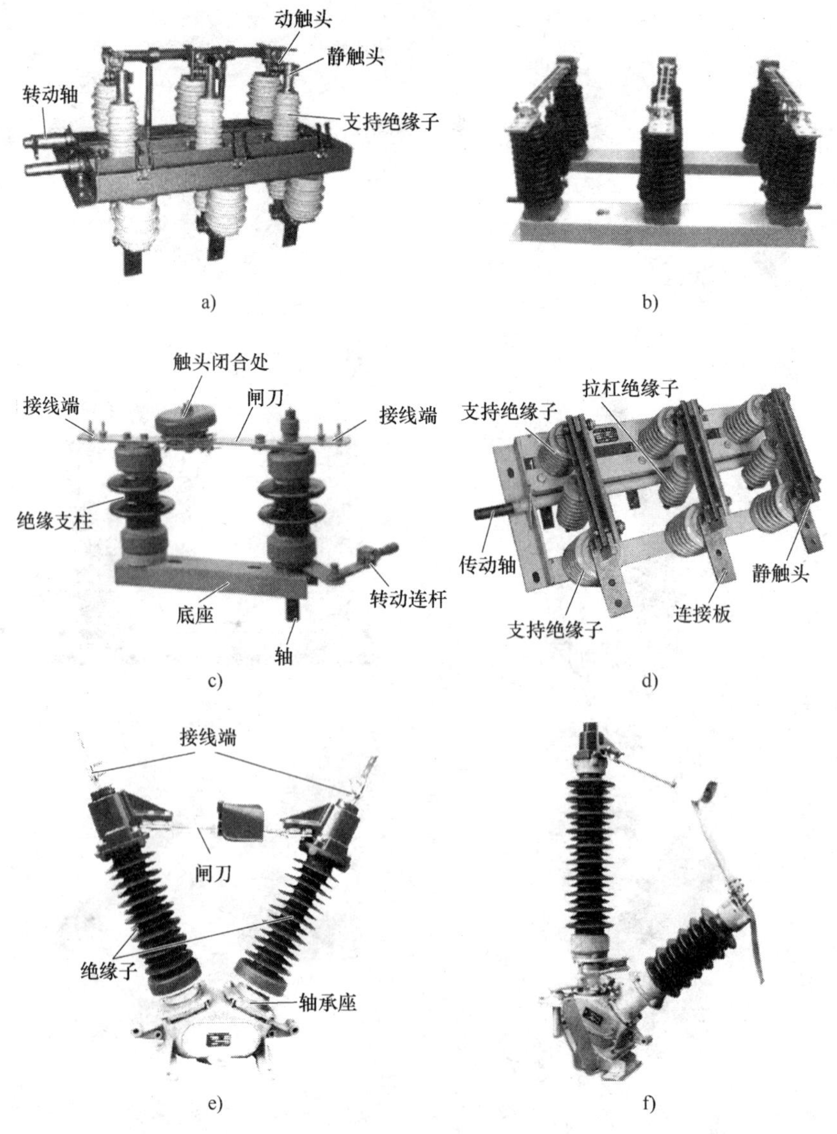

图 3-97 高压隔离开关的外形及结构

a）GN30 型高压隔离开关 b）GN27 型高压隔离开关 c）GW4 型高压隔离开关
d）GN19 型高压隔离开关 e）GW5 型高压隔离开关 f）GW13 型高压隔离开关

管的可以倾斜一定角度安装。一般情况下，静触头接电源，动触头接负荷，但安装在受电柜里的隔离开关，采用电缆进线时，则电源在动触头侧，这种接法俗称"倒进火"。隔离开关两侧与母线及电缆地连接应牢固，遇有铜、铝导体接触时，应采用铜、铝过渡接头，以防电化腐蚀。

2）安装高压隔离开关时，应用人力或滑轮吊装，把开关本体放于安装位置，使开关底座上的孔眼套入基础螺栓，稍微拧紧螺母，用水平尺和线锤找正水平位置，然后拧紧基础螺母。

3）安装操动机构。将操动机构固定在事先埋设好的支撑架上，并使其扇形板与隔离开关上的传动转杆在同一垂直平面上。

4）连接操作拉杆。拉杆连接之前应将弯连接头连接在开关的传动转杆上（即转轴上），直连接头连接在扇形板的舌头上，然后把调节元件拧入直连接头。操作拉杆应在开关和操动机构处于合闸位置时装配，先测好操作拉杆的长短，然后下料。拉杆一般用 ϕ20mm 的黑铁管，而不用镀锌管，因其机械性能不如黑铁管。拉杆的固定应用圆锥销或螺栓。拉杆的安装不应影响到导电部分对地绝缘。

5）隔离开关的操动机构。传动机械应调整好，使分合闸操作能正常进行，没有抗劲现象。还应满足三相同期的要求，即分合闸时三相动触头同时动作，不同期的偏差应小于 3mm。此外，处于合闸位置时，动触头要有足够的切入深度，以保证接触面积符合要求，但又不允许合过头，要求动触头距离静触头底座有 3 ~5mm 的空隙，否则合闸过猛时将敲碎静触头的支持绝缘子。处于拉开位置时，动静触头间要有足够的拉开距离，以便有效地隔离带电部分，这个距离应不小于 160mm，或者动触头与静触头之间拉开角度不应小于 65°。

6）隔离开关的底座和操动机构的外壳应安装接地螺栓，将接地线的一端接在接地螺栓上，另一端与接地网连通。

4. 高压隔离开关的常见故障及安全维修要求

1）接触部分过热，可能原因有：

① 压紧弹簧或螺栓松动。

② 接触面氧化，使接触电阻增大。应清除氧化层，涂上导电膏或中性凡士林。

③ 拉合开关时产生的电弧烧伤闸刀和插口，应修正烧伤部分或更换刀片，每次拉合开关时应快速完成。

④ 闸刀与插口接触面积太小。可调整拉杆长度，使闸刀合闸到位。

⑤ 长期过载运行，通过的电流将超过额定值。

⑥ 长期运行，在镀银触头表面产生一层硫化银附着物，使接触不良。可对镀银触头采用打磨法：拆下触头，用汽油清洗干净。用刮刀刮去伤痕，然后将触头浸在 25% ~28% 的氨水中浸泡 15min 后取出。用尼龙刷刷去已变得非常疏松的硫化银层。用清水清洗触头并擦干，并涂上一层导电膏或中性凡士林。

2）操动机构正常但隔离开关不动作，原因可能是拉杆的连接轴销等因使用年久磨损严重或脱落，应重新调整。

3）动作时间不正常，应检修重新调整。

4）绝缘电阻降低，可能由于严重潮湿、环境肮脏或有机材料绝缘老化等原因造成，可用 2500V 绝缘电阻表测试，绝缘电阻应符合规定。

5）闸刀拉不开，可能原因有：

① 操动机构被冻结。

② 未调整好，使传动机构卡阻、弯曲变形。

③ 锈蚀严重。

④ 保养不当，阻力大，操作困难。

⑤ 机械磨损，应更换磨损部件。

⑥ 接触部分被卡住，这时不能强行拉开，应停电处理，否则会损坏绝缘子。

5. 高压油断路器更换安装必须符合安全要求

油断路器是以密封的绝缘油作为断开故障的灭弧介质的一种开关设备，有多油断路器和少油断路器两种形式，如图 3-98 所示。油断路器依然是目前应用最多的一类断路器。

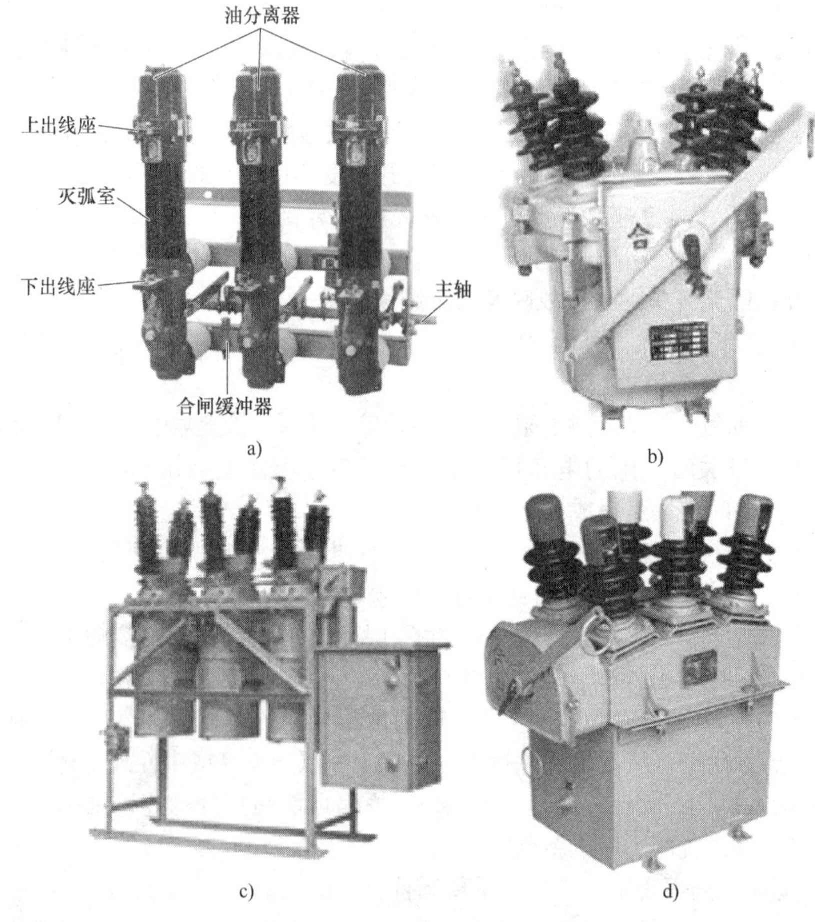

图 3-98　高压油断路器

a）SN10—10 型少油断路器　b）DW7 型油断路器　c）DW8 型油断路器　d）DW10 型油断路器

当油断路器损坏需更换安装时，一定要按安装安全要求进行：

1）油断路器安装在水平垂直的金属架上。安装后，可调节四个安装螺栓下的垫圈来达到水平垂直位置，垫圈不宜超过三片，并焊接牢固，总厚度应不大于10mm。

2）拧紧导电母线的固定螺钉，上下引线的长度要配置合适；检查各端子、螺母、连接板等有无缺陷；检查清扫油位计玻璃，并检查油位计指示是否正确、清晰。

3）检查断路器的接地是否正确可靠，检查外壳是否有漏油和渗油现象，排气孔是否完好。

4）检查传动部分的润滑情况，酌情补充润滑油；断路器手动合闸时应无摩擦和滞阻现象；在手动检查断路器断闸时，注意操动机构的动作，并注意触头动作时的声音，应无异常杂音；当断路器未注入充足的变压器油时，不准进行快速分合闸操作，因为这时油缓冲器不起作用。

5）检查断路器和操动机构的连线是否正确，跳闸与合闸指示器的动作是否到位。

6）检查断路器各相中心距尺寸：固定式为（250±2）mm，小车式应为（190±2）mm，带电部分与金属接地部分之间的最小空隙不小于10mm，相间带电部分最小空隙不小于100mm。

7）安装后油断路器内部不应遗留任何杂物。

6. 六氟化硫断路器的更换安装必须符合安全要求

六氟化硫断路器是用SF_6气体作为灭弧和绝缘介质的断路器，具有断开能力强、适合于频繁操作、噪声小、无火灾危险、不用频繁检修等优点，常用的六氟化硫断路器如图3-99所示。

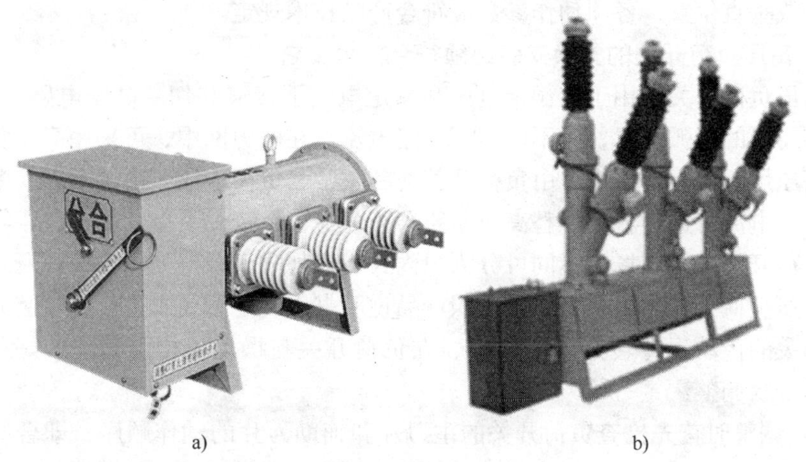

a)　　b)

图3-99　六氟化硫断路器

a）LW3型六氟化硫断路器　b）LW8型六氟化硫断路器

当六氟化硫断路器损害后需更换安装时，其安全要求必须要遵守：

1）安装六氟化硫断路器的水泥电杆应牢固、可靠。六氟化硫断路器的安装应在无风沙、无雨雪的天气下进行，灭弧室检查组装时，空气相对湿度应不大于80%，并采取防尘、防潮措施。

2）六氟化硫断路器的绝缘部件表面应无裂纹、剥落或破损，绝缘性能良好，绝缘拉杆端部连接应牢固可靠，而且断路器应可靠接地。

3）六氟化硫断路器的各零部件应齐全、清洁、完好，轴承光滑无缺陷，铸件无裂纹和焊接不良。

4）六氟化硫断路器的表面应光滑、无裂纹、无缺陷，外观检查有疑问时应进行探伤检验。瓷套和法兰的接合面黏合应牢固，法兰接合面应平整，无外伤和铸造砂眼。

5）六氟化硫断路器的固定应牢固可靠，底架与基础的垫片不应超过三片，总厚度应小于10mm，片间应焊接牢固。

6）各支持瓷套的法兰宜在同一水平面上，各支柱中心线间距离的误差应不大于5mm，相间中心距离的误差应不大于5mm。

7）槽面保持清洁，无划伤痕迹，不能使用已用过的密封垫。涂密封脂时，不能流入密封垫内侧与SF_6气体接触。

8）断路器的接线端子接触面应保持平整、清洁、无氧化膜，并涂一薄层电力复合脂，镀银部分不能锉磨，载流部分的连接不能有折损、表面凹陷及锈蚀。

9）断路器的位置指示器应能正确可靠地显示实际分、合状态。具有慢分、慢合装置的，在进行快速分、合闸前，应先进行慢分、合闸操作。

10）安装后的断路器，其所有的零部件应按制造厂家的规定，保持其应有的水平或垂直位置，各项动作参数应符合产品技术规定。

7. 高压负荷开关的更换安装必须符合安全要求

高压负荷开关是用于在额定电压和额定电流下接通和切断高压电路的电器，它具有简单的灭弧装置，但不能切断短路电流。在电力网中，可采用高压负荷开关和高压熔断器配合使用，由负荷开关切断正常的负荷电流，由熔断器切断故障时的短路电流，这样就能代替高压断路器了。

负荷开关按使用场所不同可分为户内式和户外式两种，如图3-100所示。

高压负荷开关的更换安装应按照产品说明书中规定的要求进行，安装时注意负荷开关的传动拐臂转角约为105°，在负荷开关与操动机构配套安装好后，可按以下步骤调整：

1）调整时首先检查负荷开关的主刀片和辅助刀片的动作顺序，即合闸时辅助刀片先闭合，主刀片后闭合；分闸时主刀片先断开，辅助刀片后断开。

2）将负荷开关的跳扣往下固定，不让它顶住凸轮，然后缓慢进行分、合闸

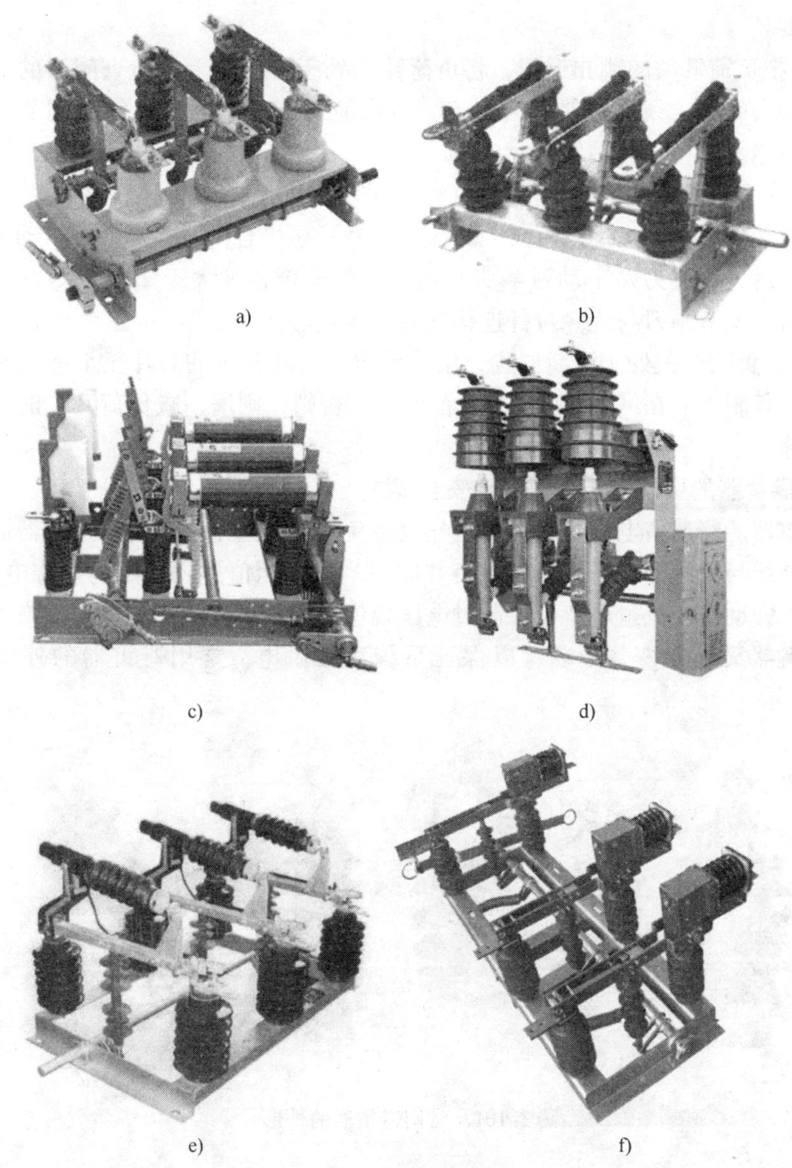

图 3-100　高压负荷开关
a）FN3 型户内高压负荷开关　b）FN5 型户内高压负荷开关　c）FN7 型户内高压负荷开关
d）FN12 型高压负荷开关　e）FW5 型户外高压负荷开关　f）FW13 型户外高压负荷开关

操作，各转动部分要灵活、无卡阻现象。如有，应调整。且使动弧触头能顺利插入喷嘴。

3）在分、合位置，检查缓冲拐臂是否敲在缓冲器上。如果未敲在缓冲器上，可调节操动机构中的扇形板的不同连接孔，或调节操动机构与负荷开关间的拉杆长度。

4）把负荷开关的跳扣返回，将负荷开关处于合闸位置，检查闸刀的下边缘与主静触头的标志线上边缘是否对齐，否则应调节六角偏心零件（调节前先取下闸刀与绝缘拉杆间的轴销）。

5）检查负荷开关的三相弧动触头不同期接触偏差是否小于2mm，方法如下：将开关的三个喷嘴用钢直尺同时盖上，然后缓慢合闸，当其中一个动弧触头靠到尺子后，观察另两个动弧触头与钢直尺的间隙，如大于2mm，则在负荷开关返回后，调节闸刀与绝缘拉杆连接处的六角偏心接头。

6）将负荷开关处于开断位置，用直尺测量负荷开关的刀片至上静触头端面的距离，其距离应在（182±3）mm范围内。否则，则增、减负荷开关油缓冲器中的垫片。

8. 避雷器的更换安装必须符合安全要求

避雷器能释放雷电能量，保护电气设备免受瞬时过电流危害。避雷器通常接于带电导线与地之间，与被保护设备并联。当过电压值达到规定的动作电压时，避雷器立即动作，流过电流，限制过电压幅值，保护设备绝缘；电压值恢复正常后，避雷器又迅速恢复原状，以保证系统正常供电。常用避雷器的外形如图3-101所示。

图3-101 常用避雷器的外形

避雷器被击穿需更换时，其安装要求如下：

1）安装前应对避雷器进行工频交流耐压试验、直流泄漏试验及绝缘电阻的测定，若达不到标准，不准投入运行。

2）安装前将避雷器向不同的方向轻轻摇动，内部应无松动响声。

3）阀式避雷器的安装，应便于巡视检查，应垂直安装不得倾斜，引线要连接牢固，避雷器上接线端子不得受力。

4）阀式避雷器的瓷套应无裂纹，密封良好。

5）阀式避雷器安装位置应尽量靠近被保护设备。避雷器与3~10kV变压器的最大电气距离，雷雨季经常运行的单路进线不大于15m，双路进线不大于23m，三路进线不大于27m，若大于上述距离时，应在母线上设阀式避雷器；避雷器对周围物体应保持一定距离，带电部分相邻导线或金属构架的一定距离不得小于0.35m，底座对地不得小于2.5m。

6）安装在变压器台上的阀式避雷器，其上端引线（即电源线）最好接在跌落式熔断器的下端，以便与变压器同时投入或同时退出运行。

7）阀式避雷器上、下引线的横截面积都不得小于规定值，铜线不小于16mm^2，铝线不小于25mm^2，引线不许有接头，下引线应附杆而下，上、下引线不宜过松或过紧。

8）阀式避雷器接地下引线与被保护设备的金属外壳应可靠地与接地网连接。线路上单组阀式避雷器，其接地装置的接地电阻应不大于5Ω。

9. 低压熔断器的更换选择应符合安全要求

当低压熔断器因故障电流被熔断后，其容量的选择必须符合下列安全要求：

1）熔断器的电压等级必须大于或等于被保护线路或设备的电压等级。

2）熔断器的额定电流应大于或等于所安装的熔体的额定电流。

3）熔断器的类型应符合安装条件（室内或室外）及被保护设备和线路的技术要求。

4）熔断器的分断电流必须满足安装地点短路电流计算值的需要。

5）线路前后级的熔断器之间应有选择性的配合。

6）熔体电流的选择则根据被保护装置的不同而选择方法不同。不同电气设备选用的熔丝其额定电流与电气设备的额定电流之比不同。

熔断器电流的选择可参考如下标准：

1）照明电路。熔断器额定电流≥被保护电路上所有照明电器工作电流之和。

2）电动机。

① 单台直接起动电动机：熔断器额定电流=(1.5~2.5)×电动机额定电流。

② 多台直接起动电动机：总保护熔断器额定电流=(1.5~2.5)×各台电动机电流之和。

③ 减压起动电动机：熔断器额定电流=(1.5~2)×电动机额定电流。

④ 绕线转子电动机：熔断器额定电流=(1.2~1.5)×电动机额定电流。

3）配电变压器低压侧。熔断器额定电流=(1.0~1.5)×变压器低压侧额定电流。

4）并联电容器组。熔断器额定电流=(1.3~1.8)×电容器组额定电流。

5）电焊机。熔断器额定电流=(1.5~2.5)×负荷电流。

6）电子整流元器件。熔断器额定电流≥1.57×整流元器件额定电流。

10. 低压熔断器的更换必须符合安全要求

1）更换熔体时，不要使熔体受到机械损伤和扭拉，因熔体一般软而易断，容易发生裂痕或减小横截面积，将可能出现电气设备正常运行时熔体却熔断，造成停电影响设备正常运行。

2）更换熔体时必须根据熔体熔断的情况，分清是因短路电流，还是长期过载引起的，以便分析故障原因。过载电流比短路电流小得多，使熔体发热时间较长，熔体的小横截面积处过热，导致多在小横截面积处熔断，且熔断的部位较短；短路电流比过载电流大得多，熔体熔断较快，而熔断的部位较长，甚至大横截面积部位也会全部烧光。

3）更换熔体时，应注意熔体的电压值、电流值及熔体的片数，并使熔体与管子相匹配，不能将不相匹配的熔体硬拉、硬弯装在不相匹配的管子中，更不能随便找一根铜线或熔丝配上凑合使用。

4）更换熔体时，要区分是过载电流熔断，还是在分断极限电流时熔断。若熔断时响声不大，熔体只在一两处熔断，且管子内壁未有烧焦现象，也未有大量的熔体蒸气附着在管壁上，一般认为是过载电流熔断；若熔断时响声特别大，有时看见两端有火花，管内熔体熔成很多小段（装有两片熔体时，将两片熔体熔在一起），管子内壁有大量的熔体蒸气附着，有时管壁有烧焦痕迹，甚至在接触装置上也有熔渣，将可能是分断极限电流熔断。

5）对于封闭管式熔断器，管子不能用其他绝缘管代替，否则易于炸裂管子，发生人身伤害事故，也不能在熔断器管子上钻孔，以免造成灭弧困难，可能会喷出高温金属和气体，对人身和周围设备是非常危险的。

6）一般应在不带电的情况下，取下熔断器管进行更换。有些熔断器允许在带电的情况下取下，但应将负载切断，以免发生危险。

7）检查熔断器与其他保护的配合关系是否正确，更换时要保证接触良好，如果接触不好将会使接触部分过热，而热量传至熔体，使熔体温度过高引起误动作。由于接触不良有时产生火花，将会干扰弱电装置。

11. 开启式负荷开关的使用必须符合安全要求

开启式负荷开关的外形及结构如图3-102所示。

1）合理选择开启式负荷开关的方法。

① 额定电压的选择。用于照明电路时，可选用额定电压为220V或250V的二极开关；用于电动机的直接起动时，可选用额定电压为380V或500V的三极开关。

② 额定电流的选择用于照明电路时，开启式负荷开关的额定电流应等于或大于断开电路中各个负载额定电流的总和；若负载是电动机，开关的额定电流可

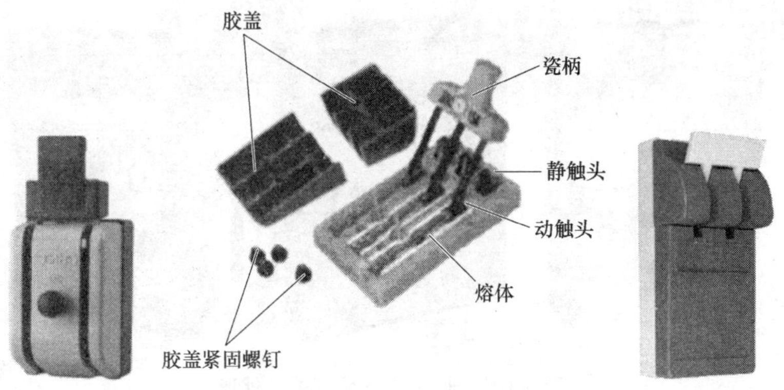

图 3-102 开启式负荷开关的外形及结构

取为电动机额定电动机的 3 倍。

2）安装及使用。

① 安装时不准横装和倒装，必须垂直地安装在控制箱或开关板上，使电源进线孔在上方。

② 接线时电源进线和出线不能接反，否则更换熔丝时易发生触电事故。

③ 分断负载时，应尽快拉闸，以减小电弧的影响。

④ 使用时，如动触头和静触头接触歪斜，会使接触电阻增大，动触头和静触头因过热而损坏，应及时修复。

⑤ 修复后的开关，合闸时应保证三相触头同时合闸，如有一相没合闸或接触不良，会使电动机造成断相运行而烧毁。

⑥ 更换熔丝必须在开关断开的情况下进行，而且应换上与原熔丝规格相同的新熔丝。

12. 封闭式负荷开关的更换安装必须符合安全要求

封闭式负荷开关适用于工矿企业、农村电力排灌和电热、照明等各种配电设备中，供不频繁手动接通和分断负荷电路使用，具有短路保护能力，也可作为交流异步电动机的不频繁起动和停止之用。封闭式负荷开关的外形如图 3-103 所示。

封闭式负荷开关安装的安全要求如下：

1）封闭式负荷开关可安装在墙上或其他结构上，也可以安装在钢支架上。封闭式负荷开关安装在墙上，应事先测量好固定螺栓的孔眼，然后在墙上画线打洞，埋好固定螺栓。固定在支架上时，应先将支架埋在墙上，然后用六角头螺栓将开关固定在支架上。

2）封闭式负荷开关必须垂直安装在配电板上，安装的高度以操作方便和安全为原则，一般安装在距离地面 1. 3 ~1. 5m。

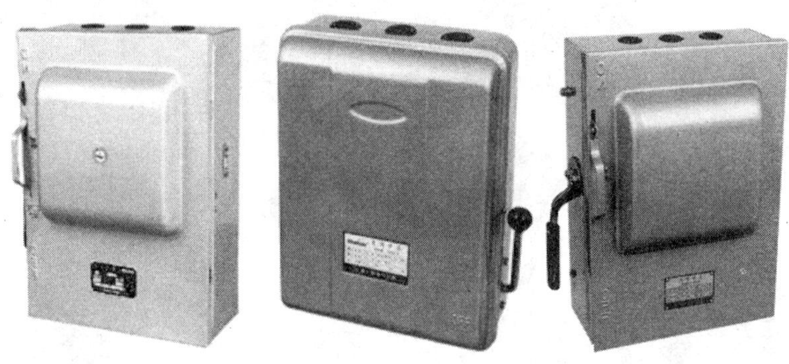

图 3-103　封闭式负荷开关的外形

3）封闭式负荷开关的外壳接地螺钉必须可靠地接地或接零。

4）电源线和负载的进线都必须穿过开关的进出线孔，并在进出线孔加装橡皮垫圈。

5）100A 以上的封闭式负荷开关，应将电源进线接在开关的上桩头，负载引出线接下桩头，而将负载的引出线接上桩头；以便检修。

6）使用操作时，不允许面对着开关进行操作，以免发生短路故障而伤人，应用左手操作合闸。

7）更换熔丝必须在开关断开的情况下进行，且应换上与原熔丝规格相同的新熔丝。

13. 转换开关的更换安装必须符合安全要求

转换开关（俗称组合开关），其外形如图 3-104 所示。在机床设备和其他电气设备中使用十分广泛，它体积小，接线方式多，且使用非常方便。灭弧性能比刀开关好，常用于交流 380V/50Hz 以下、直流 220V 以下的电气线路中，供手动不频繁地接通或分断电路、换接电源和负载、测量三相电压、改变负载的连接方式，控制小容量交、直流电动机的正、反转，星形-三角形起动和变速、换向等。

a)

b)

图 3-104　转换开关

a）HZ10 系列　b）3LB 系列

HZ10 系列转换开关是全国统一设计产品，其通用性较强，技术性能及经济效果均较好。

3LB 和 3ST 系列转换开关是引进德国西门子公司技术生产的产品，符合 IEC408、IEC204 和 IEC337 标准的规定。

当转换开关出现故障需要更换时，其安装安全要求必须遵守：

1）转换开关安装时，应注意保持手柄为水平旋转位置为宜。

2）由于转换开关的通断能力较低，故不能用来分断故障电流。用作电动机正、反转控制时，必须在电动机完全停止转动后，才允许反向接通。

3）当负载的功率因数为0.8～0.5时，组合开关应降低容量使用，否则会影响开关的寿命；若负载的功率因数小于0.5时，由于熄弧困难，不宜采用HZ系列组合开关。

4）使用转换开关时，应保持开关清洁，面板和触头不得有油污。

14. 转换开关常见故障的安全维修

1）手柄转动90°后，内部触头未动，可能原因有：

① 手柄上的三角形或半圆形口磨成圆形。

② 操作机构损坏。

③ 绝缘杆由方形磨成圆形。

④ 轴与绝缘杆转配不紧。

2）手柄转动后，三副静触头和动触头不能同时接通或断开，可能原因有：

① 开关型号不对。

② 修理后触头位置装配不正确。

③ 触头失去弹性或有尘污。

3）开关接线柱相间短路的原因一般是长期不清扫，铁屑或油污附在接线柱间形成导电层，将胶木烧焦，绝缘结构被破坏形成短路。

15. 低压断路器的更换安装必须符合安全要求

低压断路器（俗称空气开关），是一种能够防止交直流低压电路免受过电流、欠电流、短路和欠电压等不正常情况危害的电气设备。在正常情况下，低压断路器不能用于频繁地起动，如图3-105所示为DZ10系列低压断路器的外形。

图3-105　DZ10系列低压断路器

当低压断路器出现故障需更换时，其安装安全必须遵守：

1）低压断路器应垂直安装在配电板上，电源引线应接到有“∠”的上端；低压断路器在开始使用前应将脱扣器电磁铁工作面的防锈油脂抹去，以免影响电磁机构的动作值。

2）过电流脱扣器的整定值一经调好就不允许随意改动，而且使用久后要检查其弹簧是否生锈卡住，以免影响其动作。

3）在低压断路器分断短路电流以后，应在切除上一级电源的情况下，及时地检查其触头。若发现有弧烟痕迹，可用干布抹净；若触头已烧毛，应细心修整。

4）每使用半年后，应给操作机构添加润滑油，并清除低压断路器上的尘垢，同时检查各种脱扣器的动作值，有延时的还应检查其延时。

16. 按钮的使用必须符合安全要求

按钮是一种以短时接通或分断小电流电路的电器元件，它不直接控制主电路的通断，而在控制电路中发出“指令”去控制接触器、继电器等电器元件，再由它们去控制主电路。一般而言，红色按钮是用来使某一功能停止的，而绿色按钮，则是开始某一项功能的。按钮的形状通常是圆形或方形。

LAY1 系列按钮的外形如图 3-106 所示，LA20 系列按钮的外形如图 3-107 所示。

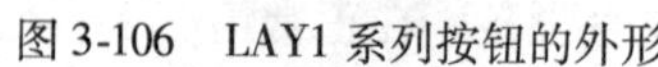

图 3-106 LAY1 系列按钮的外形

图 3-107 LA20 系列按钮的外形

1）按钮的安全安装及使用要求如下：

① 按钮安装在控制面板上时，应排列合理、布置整齐。另外，为了应付紧急情况，当控制板上的按钮很多时，应在显眼的地方安装总停开关。

② 按钮安装应牢固，接线时应用红色按钮作停止用，绿色按钮作起动用。

③ 同一地点的几种不同的工作状态（如上、下、前、后、左、右、松、紧等），应使每一对相反状态的按钮安装在一组。

④ 由于触头的间距较小，如有油污等极易发生短路故障，所以应经常保持触头的整洁。

2）按钮的常见故障排除。

① 按钮失灵，不能断开电路：检查是否接线错误、线头松动、触头短路、

胶木被烧等。

② 按下起动按钮有触电感觉：检查按钮的防护金属外壳与连接导线接触或按钮帽的缝隙间是否充满铁屑，使其与导电部分形成通路。

③ 按下停止按钮，再按起动按钮，被控设备不能起动：检查按钮是否接触不良、停止按钮的复位弹簧是否损坏、被控设备本身故障。

17. 交流接触器的选用必须符合安全要求

交流接触器是一种用来接通或断开带负载的交、直流主电路或大容量控制电路的自动化切换器，可以用来控制电动机、电热器、电焊机、照明设备等。接触器控制容量大，不仅能接通和切断电路，而且还具有低电压释放保护作用。它适用于频繁操作和远距离控制，也是自动控制系统中的重要元器件之一。

交流接触器的选用必须符合以下安全要求：

1）主回路触头的额定电流应大于或等于被控设备的额定电流，控制电动机的接触器还应考虑电动机的起动电流。为了防止频繁操作的接触器主触头被烧蚀，频繁动作的接触器额定电流可降低使用。

2）接触器的电磁线圈额定电压有 36V、110V、220V、380V 等，电磁线圈允许在额定电压的 80% ~105% 范围内使用。

18. 行程开关的使用必须符合安全要求

行程开关又叫限位开关，它的作用与按钮相同，只是其触头的动作不是靠手动操作，而是利用生产机械的某些动作部件上的挡铁碰撞其滚轮使触头动作来实现接通或分断电路，达到预期的控制要求的目的。

常用的 LX19 系列行程开关的外形如图 3-108 所示，适用于交流 380V/50Hz、直流电压 220V 的控制电路中，可以控制运动机构的行程或变换其运动方向及速度。

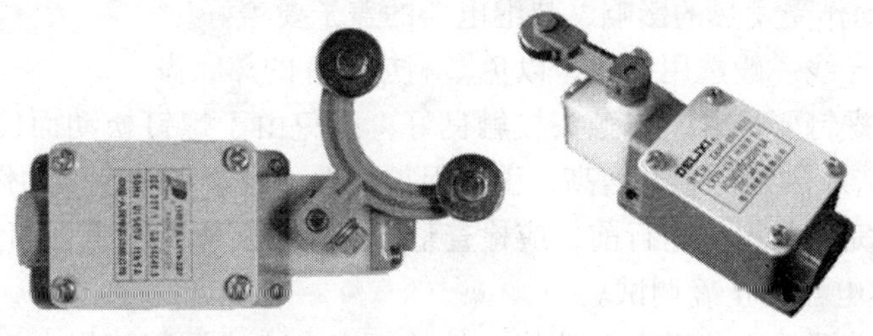

图 3-108　LX19 系列行程开关的外形

常用的 LX22 系列行程开关的外形如图 3-109 所示，适用于交流 380V/50Hz、直流电压 220V 的控制电路中，可作为限制起重机、行车等各种设备的行程之用。

1）行程开关的选择。

① 根据应用场合及控制对象选择是一般用途开关还是超重设备用行程开关。

② 根据安装环境选择防护形式，是开启式还是防护式。

③ 根据控制电路的电压和电流选择采用何种系列的行程开关。

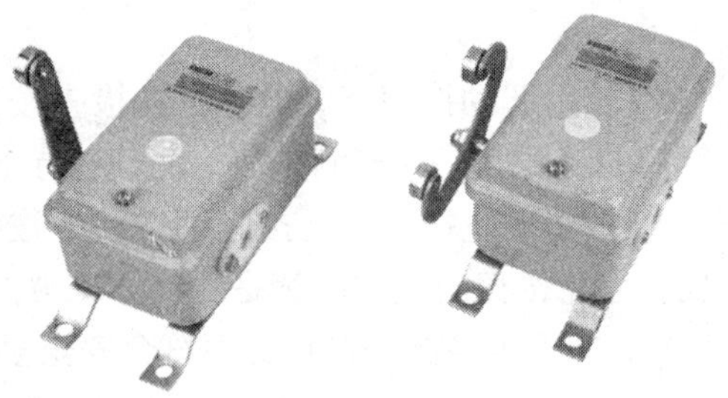

图 3-109　LX22 系列行程开关的外形

④ 根据机械与行程开关的传力与位移关系选择合适的头部结构形式。

2）行程开关的安装及使用。

① 位置开关安装时位置要准确，否则不能达到行程控制和限位控制的目的。

② 应定期清扫位置开关，以免触头接触不良而达不到行程和限位控制目的。

3）行程开关的常见故障排除。

① 位置开关复位后，动断触头不能闭合。故障的原因一般为触头偏斜或动触头脱落、触杆被杂物卡住、弹簧弹力减退或被卡住。

② 挡铁碰撞位置开关，触头不动作。故障的原因一般为位置开关的位置安装不对，离挡铁太远；触头接触不良或连接线松脱。

③ 位置开关的杠杆已偏转但触头不动。故障的原因一般为位置开关的位置安装得太低或触头由于机械卡阻而不动作。

19. 热继电器的更换调试必须符合安全要求

1）热继电器的正确安装。

① 热继电器安装的方向应与规定的方向相同，倾斜度不应超过 50°，连接导线的横截面积必须符合规定。

② 当热继电器与其他电器装在一起使用时，应尽可能将它装在其他电器的下面，以免动作受发热的影响，热继电器的盖子要盖好。

③ 连接导线一般选用铜线，以免影响热元件的热状态。

④ 接线螺钉要拧紧，使触头接触良好，以免由于螺钉松动而使触头的接触电阻增大，造成热元件温升增高，引起保护特性不稳定和发生误动作。

⑤ 安装完毕及投入运行前，应检查整定电流与实际要求是否相符。

2）热继电器的正确调试。

① 安装前要检查热继电器的热元件的额定电流或调整旋钮电流的调节范围是否与电动机的额定电流相当。若不相当，应更换热元件，重新进行调试或转动调整旋钮的刻度到符合要求。

② 动作机构应工作可靠，一般可用手拨动几次进行观察，再按按钮应灵活。调整部件若有松动，应予以紧固并重新进行调试。

③ 多极继电器调整时，先将刻度盘对准所需要整定的电流值，再对各极分别进行快速调试，并适当增大试验电流，一般为 1.2 倍的额定电流，持续时间约 30min，最后将多极串联起来进行试验。若动作时间不符合要求，应同时对各极进行微调。

④ 试验时，将各相热元件串联，向热继电器通入 1.05 倍额定电流，待发热后，再将电流增加到 1.2 倍额定电流，约 2.3min 旋动电流调节凸轮使热继电器动作，这时的动作电流即为热继电器的整定电流。

3）热继电器的巡视检查。

① 应定期用布擦净尘埃和污垢，使双金属片保持原有光泽。若有锈迹，可用布蘸汽油轻轻擦除，但不应用砂纸磨光。

② 接线螺钉必须拧紧，触头应接触良好，盖板要盖好。

③ 定期通电校验，在设备发生事故而产生较大短路电流时，应检查热元件和双金属片是否有明显变形。如果变形应通电试验，可进行调整，但不准弯折双金属片。

④ 检查热元件时，不应将热元件取下，只能打开盖子进行观察。

4）热继电器的常见故障与处理。

① 热继电器不动作。

a. 热继电器的额定电流与电动机的额定电流不相符，按电动机的容量来选用热继电器。

b. 整定值偏大，按要求合理调整整定电流值。

c. 触头接触不良或触头失灵不能断开，应清除触头表面的灰尘、油污或氧化物。

d. 热元件烧断或脱焊，应更换热元件或重新焊牢。

e. 动作机构卡住，应进行调整，保证动作灵活。

f. 可调整部件的固定松动，推杆或导板脱出，应紧固调整件，并重新调整试验。

g. 双金属片已产生永久性变形，应更换双金属片，重新调整试验。

② 热继电器动作太快。

a. 整定电流值偏小，造成未过载就动作，按要求调整整定值。

b. 电动机起动时间过长，在起动过程中动作，按起动时间要求选用合适的热继电器，或在起动过程中将热继电器短接。

c. 操作频率过高，应调整操作次数。

d. 使用场所有强烈的冲击振动，应选择带防冲击振动的热继电器或采取防振措施。

e. 环境温度相差太大，按温度相差的情况配置合适的热继电器，或将温度

保持在 -30 ~40℃。

f. 连接导线太细，按要求选用导线。

③ 动作不稳定，时快时慢。

a. 内部机构某些部件松动，应紧固各部件。

b. 检修中弯折了双金属片，可用高倍电流预试几次，或将双金属片拆下来进行热处理，以去除内应力。

c. 使用时电流波动太大，或接线螺钉松动，应加电压稳压器或紧固螺钉。

④ 热元件烧断。

a. 负载侧短路，电流过大，应排除电路故障或更换热元件。

b. 负载电流过大，应更换热继电器并重新调整整定电流。

c. 操作频率过高，应合理选用热继电器。

⑤ 主电路不通。

a. 热元件烧毁，应更换热元件。

b. 接线螺钉松动，应拧紧接线螺钉。

⑥ 控制电路不通。

a. 触头烧坏或动触片弹性消失，应更换触头或触片。

b. 刻度盘或调整螺钉转不到合适的位置，将触头顶开，应调整刻度盘或调整螺钉。

五、配电变压器维修时的反习惯性违章安全要求与禁忌

1. 大修后的变压器在投运前一定要进行安全检查

大修后的变压器在投运前一定要进行检测，否则是不能投运的，其检测项目包括：

1）首先应检查变压器的油箱及所有附件齐全完好，无锈烂及机械损伤，整机密封良好无渗漏油现象，套管无裂纹及放电痕迹。油箱盖及顶盖封板连接的螺栓应齐全完好，储油柜的油位正常、油色清晰。防潮剂不变色。铭牌数据清晰齐全，额定电压与线路相符，容量符合设计要求。

2）高压侧用 2500V 绝缘电阻表测量相与外壳的 20℃ 绝缘电阻应大于 300MΩ；但是要注意，变压器的绝缘电阻是随温度的变化而变化的。其中，10℃时应大于 450MΩ，20℃时应大于 300MΩ，30℃时应大于 200MΩ，40℃时应大于 130MΩ，50℃时应大于 90MΩ。

3）低压侧用 500V 绝缘电阻表测量相与外壳、相与工作点 N 的绝缘电阻，应大于 2MΩ；同时用 500V 绝缘电阻表测量高压绕组与低压绕组间的绝缘电阻，应大于 500MΩ。

4）变压器油的检测应由当地供电部门进行，并出示分析试验报告。

5）用万用表×0.1Ω 挡测量高压侧相与相之间的直流电阻，其阻值应相等，测量时应在分接开关的三个挡位上都进行。打开分接开关时应在无风干燥的条件下进行，先将分接开关处的污迹清除干净，再将其盖拧松两周，这是就要用打气筒吹除，每拧松两周吹松一次，以避免异物落入。

2. 变压器的投运及停运操作程序一定要符合安全要求

变压器的投运及停运操作程序包括：

1）事故检修、换油或大修后的变压器，在施加电压前静止时间不能少于下列规定。

① 110kV 及以下的变压器不能少于 24h。

② 220kV 及以下的变压器不能少于 48h。

③ 500kV 及以下的变压器不能少于 72h。

2）在没有断路器的情况下，可以用隔离开关投切 110kV 及以下的电力变压器，但是电流应该低于 2A。

3）装在室内的隔离开关必须在各相之间，安装耐弧的绝缘隔板。

4）可以用熔断器投切空载配电变压器和 66kV 及以下的站用变压器。

5）在 110kV 级以上中性点有效接地系统中，投运或停运变压器操作，中性点必须先接地，投入后可按系统需要决定中性点是否断开。

6）用于切断 20kV 及以上变压器的隔离开关，必须三相联动，而且装有消弧角。

7）变压器的充电，应在有保护装置的电源侧用断路器操作。停运时，先停负荷侧，后停电源侧。

8）装有储油柜的变压器，带电前应排尽套管升高座、散热器及净油器等上部的残留空气。对强油循环变压器，应先开启液压泵，使油循环一定时间后将气排尽。开泵时变压器各侧绕组都应接地，防止油流静电及操作人员的安全。

9）强油循环变压器投运时，应逐台投入冷却器，并按负载情况控制投入的台数。水冷却器应先起动液压泵，再起动水系统；停电操作是先停水，后停液压泵；冬季停运时，应将冷却器中的水放净。

3. 变压器套管表面不能有裂纹或脏污

电力变压器套管表面出现裂纹或严重脏污时会有下列危害：

1）会使套管的绝缘性能降低，当电网中因某种原因产生过电压时，有裂纹及脏污的套管就容易被击穿，造成单相接地或相间短路事故。

2）套管裂纹容易引起变压器和套管内部受潮，造成变压器和套管内部绝缘性能下降，引起变压器绕组损坏。

3）遇到雨、雪和潮湿天气时，有脏污、裂纹的套管就容易发生爬电，造成单相接地或相间短路事故。

4）套管脏污容易吸收水分，造成导电性能提高，这样不仅容易引起表面放电，还可能使泄漏电流增加，使套管发热，甚至导致套管炸裂。

4. 不能违反配电变压器电压分接开关的切换操作方法

在用电当中如发现用电电压偏高或偏低，要调整电压，通常是靠调整配电变压器分接开关的位置，来保证变压器的输出电压在合理范围之内的，其调整方法和步骤如下：

1）操作分接开关时必须先停电，并做好安全措施，确定变压器无电后进行。

2）先旋出风雨罩上的固定螺钉，取下风雨罩。

3）切换调整分接头前，应看清分接头的位置标志，分清挡位，一般配电变压器有3个挡位：2挡代表变压器的额定电压，1挡代表较额定电压增加5%，3挡较额定电压降低5%。如果想使配变的输出电压升高，则将变压器的分接开关由2挡调至3挡，否则调至1挡。

4）因分接开关长期在油中，触头容易产生氧化膜或有油污堆积，造成电压分接开关换挡后接触不良，严重时会烧毁变压器。因此，在调整电压分接开关挡位时应分别向正、反方向各转动几周，以消除动、静触头上的氧化膜和油污。然后把分接头再固定在所需要的位置，确认位置正确后锁定位销。

5）电压分接开关每次换挡调整以后，为了检查内部接触情况，必须用电桥或欧姆表（或万用表的$R\times1\Omega$挡）测量电流。由于分接开关的接触部分在运行中可能被烧伤，长期未用的分接头也可能产生油污、氧化膜，弹簧可能因年久失去弹力及在调整时形成空挡等，从而使接触电阻增大，运行中发生放电，分解头发热等故障毁坏变压器。

测量配电直流电阻时，应依次测量分接开关在各个挡位时三相线圈的直流电阻，并做好记录，应将测得的直流电阻与前一次测量值进行比较，还应与历次的测量数据进行比较，差别应不大于2%。判断配变直流电阻是否正常的标准是，各相绕组的电阻相互间的差别不应大于三相平均值的4%，三相线间直流电阻的差别一般不大于三个线间平均值的2%。若测量中超出范围，应进行检查和处理，及时发现和排除分接开关的故障。

5. 变压器的日常巡检应认真执行

1）变压器运转应声音正常，如果声音比正常增大，可能由以下原因造成。

① 负载过大。

② 电网电压过高。

③ 如出现以下不正常的声响，可能是由变压器本身故障造的。

a. 箱内有爆裂声，可能是绝缘层被击穿，应停电检查。

b. 箱内有水沸腾声，可能是箱内温度突变，绕组可能产生短路故障，应停电检查。

c. 有放电声，可能是绕组产生电晕放电、火花放电等；也可能是金属部件产生静电放电，或分接开关接触不良放电，应停电检查。

d. 出现杂声，可能是紧固件松动。

2）密封件与焊缝。变压器各密封件和焊缝应无渗漏油现象。

3）套管。套管无破损裂纹、无放电痕迹及其他异常现象。

4）储油柜、充油套管外部应清洁，油色、油位正常。油面过低，是因为变压器有严重渗漏油或多次放油未能及时补充；温度过低，且油量不足。形成假油面是由于油位计管堵塞，储油柜、吸湿器堵塞或安全气道通气孔堵塞等。

5）压力释放器或安全气道及防爆膜应完好无损。

6）变压器的油温和温度计应正常。用手摸箱体能停 10s 时，约为 55℃以下；手摸能停 3s 时，约为 70℃。

油浸式变压器采用 A 级绝缘，绕组极限工作温度为 105℃，运行中绕组温度比油面温度约高 10℃，所以规定上层油温最高不得超过 95℃。另外，环境温度规定为 40℃，所以变压器上层油温最高温升不得超过 55℃。又由于变压器内部散热能力与环境温度变化不能同步，所以运行中油温监视一般为 85℃，而不是 95℃。引起变压器温度异常原因有：

① 铁心多点接地，绕组短路，裸金属过热等。

② 散热器阀门堵塞。

③ 吸湿器堵塞。

④ 冷却装置不正常。

⑤ 严重漏油。

7）气体继电器。检查气体继电器的油面和连接油门是否打开，气体继电器内应无气体。

8）水冷却器水冷却器的油压应大于水压，从旋塞放水检查，应无油迹。

9）接线引线接头、电缆、母线应无发热现象。

10）阀门。管道阀门开闭正常，风扇、液压泵、水泵阀门转动应均匀正常。

11）风扇、油泵、水泵运转正常，油流继电器工作正常。

12）各控制箱和二次端子箱应关严，无受潮现象。

13）变压器室的门、窗、照明应完好，房屋不漏水，温度正常。

14）干式变压器的外表面应无积污。

6. 变压器的特殊巡检必须按时进行

1）新设备或经过检修、改造的变压器在投运 72h 内，要做特殊巡视检查。

2）变压器有严重缺陷时，应检查。

3）气象突变（如大风、大雾、大雪、冰雹、寒潮等）时，如雷雨天，瓷套管有无放电情况；大雪天，仔细检查连接点是否有落雪溶化的现象，如有，说明连接点过热；雾、雨天，检查有无较严重的放电声和火花放电现象。

4）高温季节、高峰负载期间。

5）变压器急救负载运行时。

6）每隔一段时间作夜间熄灯检查，观察火花情况。

7. 变压器高压侧的熔断器容量选择应符合安全要求

目前，配电变压器高压侧广泛采用高压跌落式熔断器来进行保护和控制。当变压器发生短路故障时，其熔体熔断，熔管会自动跌开，切除电源，从而保护变压器。

一般配电变压器容量在125kV·A及以下的，熔体可按变压器高压侧额定电流值的2~3倍选择；当配电变压器容量在125~400kV·A之间时，熔体可按配电变压器高压侧额定电流的1.5~2.0倍选择；当配电变压器容量大于400kV·A时，熔体可按变压器高压侧额定电流的1.5倍选用。考虑到机械强度问题，熔体额定电流最低不得低于5A。

8. 变压器低压侧的熔断器容量选择应符合安全要求

配电变压器低压侧多采用低压熔断器作为发生短路或过载时的保护。

低压熔断器熔体的额定电流可按变压器低压侧额定电流值选择，也可直接从表3-15中查出，禁止随意选择。

例如：50kV·A的配电变压器，低压侧额定电流为72.2A，电压为0.4kV，查表3-15则熔体电流为75A。如果要选择大一级的熔体，禁止超过低压侧额定电流的30%。

表3-15 变压器高低压侧熔体选择参考表

变压器容量/kV·A	熔体额定电流选择值/A							
	低压侧电压/V				高压侧电压/kV			
	120	220	380	500	3	6	10	35
5	25	15	10	—	3	2	—	—
10	50	25	15	—	5	3	3	—
20	100	50	30	25	10	5	3	—
30	150	80	45	30	15	7.5	5	—
50	250	125	75	50	20	10	7.5	3
63	300	150	100	80	20	10	7.5	3
80	400	200	125	100	30	15	10	5
100	500	250	150	125	40	20	10	5

（续）

变压器容量/kV·A	熔体额定电流选择值/A							
	低压侧电压/V				高压侧电压/kV			
	120	220	380	500	3	6	10	35
125	2×300	300	200	150	50	30	15	7.5
160	2×400	400	250	175	75	40	15	7.5
200	2×500	500	300	250	75	40	20	10
250	3×400	2×350	350	300	75	40	25	10
315	3×500	3×300	450	350	100	50	30	15
400	4×400	3×400	2×300	500	100	50	40	15
500	—	—	—	—	150	75	50	20
630	—	—	—	—	150	75	50	20
800	—	—	—	—	200	100	75	30
1000	—	—	—	—	300	150	100	30
1250	—	—	—	—	300	150	100	30
1600	—	—	—	—	400	200	150	40

9. 变压器的检修周期一定要按安全规程进行

变压器检修分为大修和小修两大类，是以吊心与否为分界线。变压器大修是指变压器吊心或吊开钟罩的检查和修理，小修是指不吊心或不吊开钟罩的检查和修理。

1）当变压器临时发生故障时，有可能随时需要吊心或吊开钟罩进行检修。

2）正常运行的主要变压器在投运后的5年内和以后每5~10年内应吊心大修一次；一般变压器及线路配电变压器如果未曾过载运行，一般是10年大修一次。

3）对于充氮和胶囊密封的变压器可适当延长检修周期，经预防性试验认为有必要吊心时，才吊心检查大修。

4）一般情况下，变压器小修周期是每年至少一次，环境特别恶劣地区可缩短检修周期。火电厂内每半年要小修一次。

5）有载分接开关达到制造厂规定的动作次数时，要取出进行检修。

6）对于新安装的变压器或运输后投入变压器运行满1年时，均应吊心检修一次，以后每隔5~10年大修一次。

10. 变压器的小修项目一定要按安全规程进行

1）检查和清除变压器外观缺陷，并进行全面清扫工作。

2）检查储油柜的油位，放出积油器中污油及水分。

3）检查安全气道、防爆膜有无破裂。

4）检修套管的密封情况，套管引出线接头情况，清扫套管和调整套管的油位，检修全部阀门、塞子和密封状态。

5）检查气体继电器和测温装置。

6）检查和调整分接开关，并试操作。

7）检查散热器的风扇及控制系统。

8）补充变压器油和套管中的油，取油样做简化试验。

9）检查接地装置是否接地良好。

10）检修变压器保护装置、测量装置及操作控制箱。

11）油漆及附件检修、涂漆。

12）进行例行的测量和试验。

11. 变压器的大修项目一定要按安全规程进行

1）吊心与或吊开钟罩检修器身。

2）做大修前的各项试验及变压器油化验工作。

3）检修绕组、引线及磁屏蔽装置。

4）检修铁心、穿心螺栓、铁轭夹件、压钉以及接地片等。

5）检修分接开关（无励磁的和有载的分接开关）、夹件、围屏，处理缺陷。

6）检修 60kV 及以上的油纸电容套管和 40kV 以下的充油套管。

7）检修箱壳及附件（套管、散热器、储油柜等）。

8）检修冷却系统（风扇、油泵等）。

9）检修测量仪表及信号装置，如电接点式温度计、电阻式遥测温度计、水银温度计等。

10）清理油箱、处理渗漏油、更换密封件及喷漆工作。

11）滤油或换油。

12）变压器总装配。

13）变压器干燥。

14）试验和变压器投入运行。

12. 变压器的故障检修一定要按安全要求进行

1）外部检查。发现变压器出现故障，首先应从外部详细检查，同时做必要的试验，分析和判定故障可能原因及提出检修方案。

① 检查储油柜的油面是否正常。

② 安全气道的防爆膜是否爆破。

③ 套管有无炸裂。

④ 变压器外壳温度如何。

⑤ 油箱渗漏油情况如何。

⑥ 一次引线是否松动，有无发热现象。

⑦ 再根据仪表指示和运行记录进行分析。

⑧ 根据气体继电器动作情况，收集气样，鉴别气体的可燃性和对颜色进行分析。如果气体呈黄色，不燃烧，则是木质材料过热；如果气体呈淡灰色，有强烈臭味，则是绝缘纸过热；如果气体呈灰色或黑色，且易燃，则是变压油过热故障。

⑨ 根据差动保护器的动作，配合试验进行更深入地分析。

2）电气试验设备。

① 绝缘电阻的测试。按试验规程要求选用电压等级合适的绝缘电阻表进行测试，一、二次引线连接拆开，必要时中性点也打开。如果测试的绝缘电阻值很低，则说明有接地故障；如果测出的绝缘电阻值小于上次测量的70%，且吸收比低于1.3，则说明变压器已受潮。

② 绝缘油样化验。对从气体继电器取出的气样和从变压器油箱内取出的油样进行化验分析，判别故障原因和性质。有条件时要做气相色谱分析，检查变压器的潜伏性故障。

③ 电压比测定。测出电压比可以判定分接开关是否有故障以及绕组匝间是否有短路故障存在。

④ 绕组直流电阻的测定。测量绕组直流电阻可以查出焊接故障以及绕组断路、短路、分接开关、引线断路等故障。为了查明故障点，应将绕组连接线打开，测量每相的直流电阻值。三相直流电阻值大于5%，并与上次测得的数据相差2%～3%时，可以判定是绕组有故障的。

⑤ 直流泄漏和交流耐压试验。变压器做外施耐压之前应先做直流泄漏试验，如果变压器存在缺陷，能在直流泄漏试验中表现出来，可避免先做外施耐压试验使变压器绝缘层被击穿的可能。查找故障时，尽可能在非破坏情况下查出。如果直流泄漏试验检查不出故障时，再做外施耐压试验。

⑥ 空载试验。通过空载试验，可以看出三相空载损耗和三相空载电流是否平衡和过大，从而发现变压器的故障。

13. 变压器补油时一定要按安全规程操作

1）当油面低于油标的油位线时，应进行补油。如果补油时油面始终不上升，可能是假油面，应停电进行检查处理。

2）补油时应从储油柜上专用添油阀向变压器油箱注油。禁止在油箱底部注入，以防将底部的油污秽物泛起，污染油箱内的变压器油。如果变压器经过大修，油箱已清理干净，箱内无油，可采用从油箱底部注入。

3）尽可能采取停电补油方式，若必须带电补油时禁止一人操作完成。应由两人进行，一人操作，一人监护，补油时应注意安全距离。

4）补油前应将重瓦斯改到信号位置，防止误动跳闸。

5）严禁补入试验不合格的变压器油。

6）补油后，检查气体继电器，及时放出气体，经24h后，再将气体继电器接入跳闸位置。

7）补油时应补到所需位置稍高一点，因为当变压器油静止后会降落一点，恰到所需位置。

8）在补油时要随时观察油位计，随时调整补油速度。

14. 取变压器油样的操作一定要按安全规程要求进行

变压器在运行中取油样时严禁违反操作规程，否则将不能判断变压器油的真实状态。

1）严禁在变压器缺油时取油样。

2）严禁在阴雨天时取油样，应在晴天时进行。

3）取油样之前要把变压器放油阀周围清扫干净。

4）油样瓶应采用密封良好的磨口玻璃瓶，并经清洗干燥处理。

5）做简化试验的油样不应少于1.0kg，做耐压试验的油样不应少于0.45kg，全分析试验的油样不少于2kg。

6）取油样时，应先放出少量变压器冲洗油门，再用油洗涤油样瓶两次，最后才允许取油样。

7）取油样时，应防止周围环境杂物落入油样瓶内，取够油样后，关闭油门，用软木塞塞紧油样瓶，用厚纸包扎，再用火漆或石蜡加封。

8）在取油瓶外贴上取油样的日期、人员姓名、变压器编号、用途等。

9）取油样后变压器要立即补油。35kV级以上变压器应补入同牌号油，并做耐压试验；10kV级以下变压器油，可补入做过混合耐压试验合格的不同牌号油。

10）在室温接近于所取油样的温度时，打开进行取油样，以防止油样受潮。

15. 变压器的选择一定要按安全规定进行

常用的国产变压器油代号有DB—10、DB—25、DB—45，也就是常说的10#、25#、45#油。它们分别表示变压器的不同凝固温度，如10#油表示凝固点为－10℃，25#油表示凝固点为－25℃，45#油表示凝固点为－45℃。由于凝固点不同，所以适应地区不同。

变压器油选择禁忌如下：

1）禁忌电气绝缘强度越低越好。

2）禁忌黏度越大越好。变压器油黏度越大，变压器油的流动性越差，对变压器散热能力有所降低。

3）禁忌绝缘油的密度越大越好。绝缘油的密度越大，油中杂质和水分越不易于沉淀。

4）禁忌酸价越高越好。酸价表示油的氧化程度。

5）禁忌安定性越低越好。

6）禁忌机械混合物、游离碳、溶解于水的酸或碱以及水分等含量越高越好。对于合格的变压器油，这些是不应有的，否则会降低绝缘水平，甚至有腐蚀作用。

16. 变压器轻微漏油故障的安全处理

1）铸铁件渗漏油的原因及消除。

① 原因分析。渗漏的主要原因是铸铁件有砂眼及裂纹所致。

② 消除办法。

a. 用 GHJ—1 型堵漏胶堵上，然后密封。首先是从漏点打入铅丝，用锤子铆死，然后用丙酮将渗漏点清洗干净，用堵漏胶密封。

b. 用铸铁焊条或不锈钢焊条用电焊进行补焊。

2）法兰连接渗漏油的原因及消除。

① 原因分析。法兰表面不平、紧固螺钉松动或密封材质不佳，均会造成法兰连接处渗漏油。

② 消除办法。更换新密封垫，并在垫表面涂上 M—1 型尼龙密封胶，最后安装压紧，螺钉要均匀对称拧紧。

3）阀杆与填料处的密封。安装时用柔性石墨垫圈，涂上 7903 耐油密封润滑脂即可。

4）螺纹联接处渗漏油的消除。螺纹联接处渗漏时，通常采取以下三种方法予以消除：

① 先放油，拧出螺栓清洗后，涂上 S—7 型聚硫密封胶或 7903 耐油密封润滑脂，再拧上螺母。

② 将螺栓拧出后清洗，涂上 7903 耐油密封润滑脂，再拧上螺母。

③ 先将螺栓拧出清洗，涂上 7903 耐油密封润滑脂暂时堵漏，然后再做一只密封帽，将整个螺栓和螺母罩上，再涂以 S—7 型聚疏密封胶或 GHJ—1 耐热快固化胶泥全封上，固化后投入运行。采用 S—7 型聚疏密封胶和 7903 耐油密封润滑脂时，一定要将被涂密封面清洗干净，否则效果不佳。

5）厌氧胶密封。变压器油箱各密封部位和水冷却管路所用的各种密封胶垫，均可用厌氧胶密封黏合。

厌氧胶作为密封黏合剂，是以丙烯酸酯树脂为主体配制的胶液，可以像普通胶水那样随时随处使用。它不含大量挥发性的有机溶剂，一旦将厌氧胶液（型号为 YE—150）涂在密封面上，经压接后与空气隔离，胶液开始硬化，在室温下达到密封目的。它具有渗润性好、毒性小等优点。

为了快速固化，还可在涂胶前涂上固化剂（型号为 CL）。一般来说，间隙越小，固化温度越高，则固化时间越短，强度越高。

17. 变压器穿心螺杆绝缘损坏时的安全维修

穿心螺杆有铁心柱紧固用的铁心柱穿心螺杆和紧固铁轭用的铁轭穿心螺杆，它们与铁心孔之间是靠绝缘管和绝缘垫圈进行绝缘的。对于铁心柱穿心螺杆绝缘损坏的修理是把它去掉，铁心柱用无纬绑扎带绑扎，这样做可根除隐患。新产品早已不用铁心柱穿心螺杆了，只有检修老变压器时会碰上。铁轭穿心螺杆绝缘套管破裂或绝缘垫圈破裂，会使螺杆与轭部硅钢片碰在一起，从而使硅钢片局部短路，造成螺杆接地。

在检修时，用绝缘电阻表测量穿心螺杆的绝缘电阻。如果测量值较前一次降低1/2以上时，应找出原因，更换新穿心螺杆绝缘套和绝缘垫。为了应急，可采用薄绝缘纸板代替绝缘套管，使变压器运行，但事后必须更换合格的绝缘套。

对于螺杆绝缘套管和绝缘垫破碎的穿心螺杆，必须按同规格换上。

在更换新绝缘套管时，要注意套管长度要合适，应在铁轭孔内，不可长出铁轭厚度，应比铁轭厚度短3~5mm，这样拧紧螺母后，就不会因绝缘套管过长而被挤裂、挤碎，造成螺杆接地。放置绝缘垫时要放正、拧紧螺母时压力要合适，不可用力过猛而将铁轭绝缘挤破。

在确认铁轭穿心螺杆有故障必须更新时，首先拧下铁轭穿心螺杆的紧固螺母，然后抽出故障螺杆，取出绝缘套管，清理铁轭孔内的脏物，将新绝缘套管插入孔内，垫正铁轭绝缘垫，套入清理干净的铁螺杆，使上下垂直不歪斜，再拧紧紧固螺母，最后测试绝缘电阻和绕组直流电阻，直至合格。

18. 铁心异常响声故障的排除

变压器通电后会产生“嗡嗡”的均匀响声，这是正常的响声，如果变压器响声中还有其他杂声，这就是异常响声。有异常响声时不容忽视。产生异常响声的原因及检修方法如下：

1）电源电压过高或过载而引起异常响声。这种响声比正常响声大，随着电压、电流的增大而增大，当负载突变时，此响声中可能夹杂“割、割、割”响声，从电压表、电流表的指针上可看出指针产生摆动。解决办法是调整变压器的分接头，使电源电压正常；另外，检查负载情况，使负载正常。

2）紧固件松动。铁轭穿心螺杆未拧紧，会产生很大的异响。如果拧紧后还未消除，说明铁心叠片边缘还有未压紧的区域，可在未压紧的硅钢片缝隙中垫入薄纸板塞紧。

3）绕组匝间短路，使铁心磁通密度过饱和产生很大的异响。同时由于绕组短路严重发热，铁心过热，造成变压器油局部沸腾，会发出“咕噜、咕噜”像水烧开的声响。解决的办法是吊心检查，必要时重绕线圈，同时检查绝缘油，必要时要进行过滤处理。

4）铁心大修时，因装配工艺不当造成异常响声。铁心大修时，装配工艺不当会出现不正常的响声，有以下几种情况：

① 铁心装配时，硅钢片之间接缝不均或缝隙过大，在硅钢片接缝处形成空间，在电磁力作用下产生振动，这种故障最好重新插片。

② 使用硅钢片的厚度不同，或者有的两片一叠，有的三片一叠，叠片数目不一致，或者每级铁心总厚度不一致，均会产生异常响声，又因为在电磁力作用下，各硅钢片的接合处有“悬空”和“空隙”处，从而产生电磁振动。如果仅有个别处，又在铁心表面，可用塞纸办法解决，一般情况下只有“推倒”重新进行铁心装配。

③ 在铁心叠片时，使用损伤的硅钢片，如弯曲的、边缘翘边的等，也会产生电磁噪声。发现上述故障时，首先检查各紧固件是否紧固，要逐件拧紧后再通电检查，如果还未降低或消除异响，最后只能重新装配铁心。

19. 铁心硅钢片短路故障的应急处理

铁心硅钢片短路故障的原因很多，一旦出现，其安全应急处理措施如下：

1）硅钢片本身缺陷（内因）引起的铁心短路及其修理。

① 大修更换铁心时，选用的硅钢片有缺陷，如硅钢片表面的绝缘漆膜脱落、绝缘氧化膜因附着力差而脱落、硅钢片表面粗糙等，造成片间短路。

② 硅钢片保管不当，长期受潮，使其表面锈蚀、漆膜脱落，造成片间短路。

③ 硅钢片加工毛刺超标，叠装后压破绝缘漆膜，造成片间短路。

④ 叠片压力过大，损伤了片间绝缘。

2）外界原因引起的铁心短路及其修理。

硅钢片本身无缺陷，但由于外界原因引起铁心全部或局部产生短路。

① 有些紧固件是与铁心绝缘的，但由于某种原因隔开铁心的绝缘板或绝缘套管损伤或破裂，造成局部铁心硅钢片被金属紧固件短路，如钢带绑扎时的绝缘卡扣损坏或铁心柱穿心螺杆排间短路等，造成邻近的硅钢片短路。解决办法是更换紧固件（如铁轭夹件、穿心螺杆、钢带用绝缘卡扣、拉板等）与铁心之间的绝缘。钢带绑扎的绝缘卡扣损坏时，要更换成新的。

② 接地片与跨过的硅钢片短接。解决方法是在接地片下面垫好绝缘层。

③ 绝缘油道的两端铁心相连通，造成的原因是油道缝隙内进入导电脏物或油道片翘起使油道两端铁心相连。解决办法是彻底清理油道中脏物，将不规则的油道片调整合适。最后检查油道两侧只有一个接地点为合格，否则应重新处理。

④ 铁心硅钢片被烧伤或机械损伤。由于绕组故障或零部件故障产生电弧将硅钢片局部烧熔；另外，硅钢片遭受机械损伤，使部分硅钢片变形、挤压造成铁心短路故障。

20. 变压器绕组断路故障的处理

1）绕组断路原因。

① 引出线与套管接线松脱。

② 引出线与分接开关接触不良或错位。

③ 导线接头处焊接不良。

④ 外界机械振动，使引线断开。

⑤ 绕组发生短路将导线烧断。

⑥ 导线换位时，使导线换位处并联导线扭断或裂纹，运行中断开。

⑦ 雷击断线。

2）绕组断路检修。

① 如果是熔断器的熔体熔断，用合适规格的熔体换上即可。

② 引线焊接处烧断，要用银铜合金焊方法补焊牢。引线与套管或分接开关是用螺栓螺母连接的，应再次紧固，发现螺纹乱扣应更换合格的螺栓。

③ 分接开关触头接触不良，要检查修理。如分接开关弹簧压力不够、触头磨损要换新，修理后要测试直流电阻值。

21. 绕组接地故障的处理

1）绕组接地原因。

① 主绝缘层老化、破裂。

② 绝缘油受潮。

③ 绕组内有杂物落入。

④ 过电压击穿绝缘层。

⑤ 油箱内有金属物搭接在铁心和某一相绕组上。

⑥ 有金属物搭接在箱盖和接地相瓷套管端子上等。

2）绕组检修方法。

① 首先测量绕组对地的绝缘电阻，发现接地时应吊心检查和修理。

② 查出是异物或金属物造成绕组接地的，排除金属物即可解决。

③ 对于绝缘层老化的变压器绕组，要及时重绕大修。

④ 受潮的绝缘油要进行过滤处理，检查受潮原因，并及时处理。

⑤ 防止变压器过电压，加强保护措施。

22. 互感器的运行必须遵守安全要求

互感器分为电流互感器和电压互感器，运行中应注意以下几点：

1）油位指示器、瓷套法兰连接处和放油阀，均应无渗漏油现象。

2）二次接线板完整，接线正确，引出端子连接牢固，绝缘性能良好，标志清晰。

3）同一组互感器的极性方向应一致。

4）互感器的二次接线端子和油位指示器的位置，应位于便于检查的一侧。

5）具有吸湿器的互感器，其吸湿剂应干燥，油封油位正常。

6）具有均压环的互感器，均压环应装置牢固、水平，且方向正确。

7）二次侧的一端应可靠接地，不得断开或松动。

8）分级绝缘的电压互感器，一次线圈的接地引出端子和外壳应可靠接地。电压互感器两侧均装有熔断器。

9）电压互感器检修时，应拉开高压侧隔离开关，并取下二次侧的熔断器。带电作业中，应采取可靠措施，严禁将二次侧短路。

10）电流互感器暂不使用的二次侧接线端子应短路后接地；严禁二次侧断路。铁心引出接地端子和互感器的外壳应接地。

11）电流互感器的二次回路，要求连接可靠，不得断路，不得装设开关或熔断器。在运行中的电流互感器二次回路上作业，必须先将二次侧可靠短路后，方可进行作业。

12）电流互感器和电压互感器的接线应按原设计图样接线，运行维修人员不得随意改变接线方式。若因运行的需要，须经用电单位的电气设备管理机构及技术负责人核准并下达正式图样，方可改接。

13）电流互感器二次回路的导线应使用电压不低于500V的铜芯绝缘导线，其横截面积不应小于$2.5mm^2$。

14）互感器的安装必须牢固，应符合电气装置安全工程施工及验收规范的要求。

15）运行中的互感器应随变配电装置的周期进行巡视检查。

六、电动机维修时的反习惯性违章安全要求与禁忌

1. 电动机的更换安装必须符合安全要求

电动机安装质量的好坏直接影响电动机能否安全运行。因此，要重视安装质量严格按照安装工作的各项要求去做。

1）机械部分的安装。

① 安装地点的选择。电动机的安装地点应考虑到运行、操作、维护和修理的安全与方便，应安装在通风、干燥、灰尘较少的地方，尽量避免安装在潮湿的场所。安装在室外的电动机，要采取防雨、防晒的措施。

② 电动机的安装基础。

a. 电动机底座基础的建造。电动机底座的基础一般用混凝土浇筑而成，底座墩的形状如图3-110所示，底座墩的尺寸要求高度不低于150mm，长和宽的尺寸根据地板或电动机的机座尺寸来设定。但四周要放出150mm左右的裕度，以

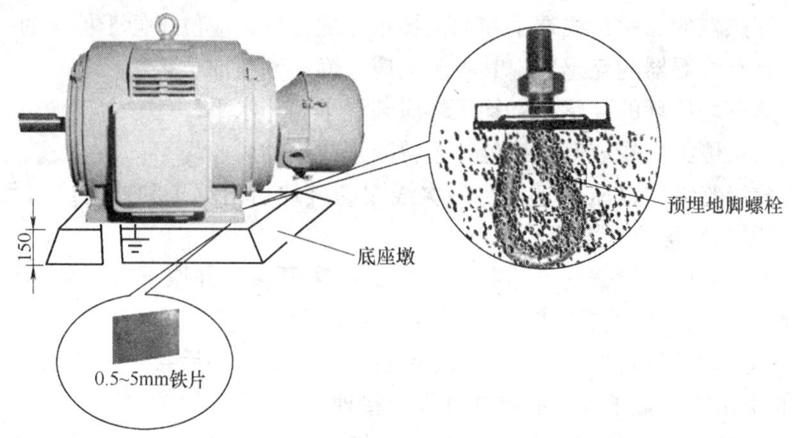

图 3-110 电动机的安装基础及地脚螺栓的预埋

保证埋设的地脚螺栓有足够的强度。

浇注混凝土坐墩前，挖好基坑，夯实坑基，防止基础下沉；用石块铺平，用水浇淋，埋进地脚螺栓。在浇注混凝土时，要保持地脚螺栓的尺寸不变和上下垂直，以便于安装电动机，浇注好混凝土后用草袋盖在上面，并经常浇水，养护7d 后，拆除模底板，再养护 15d 后，才能安装电动机。

b. 地脚螺栓的养护方法。为了保证地脚螺栓埋设的牢固，将地脚螺栓做成人字形或弯钩形，如图 3-110 所示，地脚螺栓埋入混凝土长度约为螺栓直径的 10 倍，人字开扣或弯钩的长度约为埋入混凝土内长度的 1/2。

c. 电动机与座墩的安装。小型电动机可用人力抬到基础上，比较重的电动机，就应用起重机或滑轮来搬运，为了防止振动，安装时需在电动机与底座墩间衬垫一层质地坚韧的木板或硬橡皮等；4 个紧固螺栓上都要套弹簧垫圈；拧紧螺母时按对角交错依次逐步拧紧，且每个螺母要拧得一样紧。安装时还应注意使电动机的接线盒接近电源线管的管口，用金属软管伸入接线盒内。

2）电动机的校正。电动机校正的好坏，是电动机安装质量的一个重要指标。如果让没有校正好的电动机带动生产机械工作，可能发生振动、运行不稳定，从而缩短机器寿命。

① 电动机的水平校正。电动机在基础上安放好后，应采取普通水平仪来校正电动机的纵向和横向水平。如不平，可用 0.5 ~5mm 厚的铁片衬垫在下面，如图 3-110 所示。注意，不能用木片或竹片垫在机座下，以防拧紧螺母时或电动机在运行中木片、竹片变形或破损，影响安装质量。

② 电动机带传动装置的校正。传动转子若安装校正不好，会增加电动机的负载，严重时会烧坏电动机的绕组和损坏电动机的轴承。

安装时两个带轮的直径大小必须配套，应按要求安装，大、小装错，会造成事故。必须使两个带轮的轴相互平行，并且使两带轮的宽度中心线在一条直线上；否则要增加传动装置的能量损耗，而且会损坏传动带，若是平带，就会造成脱带事故。带轮的校正方法如图 3-111 所示。

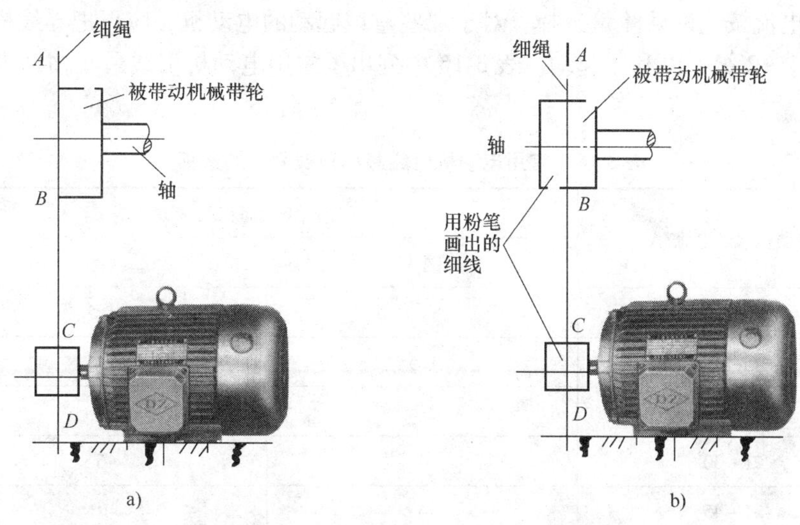

图 3-111 带轮的校正方法

a）带轮宽度相等时 b）带轮宽度不同时

③ 联轴器传动装置的校正。安装联轴器时，要把两片正、副联轴器分别安装在电动机和机械的轴上，然后把电动机移近连接处，当两轴相对地处于一条直线上时，先初步拧紧电动机机座的地脚螺栓，但不要拧得太紧。接着用钢直尺，按图 3-112 所示的方法搁在两片联轴器上，然后用手转动电动机转轴，旋转 180°，看两片联轴器是否有高度差，若有高度差可在两机底脚垫铁片或薄板，直至高度一致时，说明电动机和机械的轴已经处于同轴状态，就可以把联轴器和电动机分别固定好，最后拧紧地脚螺栓。

图 3-112 联轴器的安装和校正

3） 电气部分的安装。

① 电动机的引线和控制。每台电动机应有单独的操作开关，安装地点应便于操作，安装高度一般距离地面为 1.5m。室外电动机的操作开关，应安装在电动机

近旁的操作箱内。安装有多台电动机的工作场所，如车间、排灌站、加工作坊等，除每台电动机设置的操作开关外，应有中的动力配电箱。自电动机开关到电动机起动器及接线盒之间的引线，由于其间距离较短，所以横截面积可依据电动机额定电流按允许载流量选择。对于那些重载起动的电动机，应再把导线横截面积提高1~2级，以利于起动。表3-16中列出了常用电动机引线最小横截面积的选择。

表3-16　常用电动机引线最小横截面积的选择

电动机额定电流/A	引线横截面积/mm^2	
	铜线	铝线
1.5~6	1	1.5
6~10	1.5	2.5
11~20	2.5	4
21~30	4	6
31~45	6	10
46~60	10	16
61~90	16	35

电动机和附属装置的引线，最好采用有护套的绝缘电线。为安全起见，距离地面2.5m以内的引线，应采用槽板或硬塑料管保护。当电动机引线沿地面敷设时，可采用电缆、管线或电缆沟保护，引线不应有裸露部分。

一些移动式电器在电源处必须装设有明显断开点的开关和短路保护装置，同时应装设漏电保护器。引线应采用耐油、耐气候型的铜芯橡胶护套软电缆，护套软电缆应完好无损，以免漏电伤人。

电源、起动设备、保护装置等与电动机的连接，应采用接线盒或其他安全措施，避免因导电体的外露而威胁人身安全。

② 电动机外壳的保护接地。在电动机外壳上都有两个专门的接地螺栓，一定要把它引接到合格的接地装置上。在正常情况下，电动机外壳并不带电，人体接触到它并无触电危险。但是，当电动机绕组绝缘层损坏或严重受潮时，外壳就会带电，人碰到就会触电。要是电动机外壳接地，电就沿着接地线流向大地，人就是碰到电动机外壳也没有什么危险。

2. 电动机的起动设备及控制装置在运行中必须符合安全要求

电动机起动设备及控制装置应按其电压等级分别与高压配电装置或低压配电装置的巡视检查、清扫检修及试验的周期、内容、运行中注意事项基本相同，除正常的维护保养外，还有以下项目的内容。

1）任何种类的电动机起动设备及控制装置在起动电动机时，如不能正常起动或发生异常，则应检查起动控制线路、元器件及电动机和负荷，不得强行起动；大型电动机起动前特别重要的是要盘车，以便发现问题。

2）运行中的起动设备及控制装置自动跳闸使电动机停下时，应先分析跳闸原因并检查起动控制线路、元器件及电动机和负荷，找出原因并修复或处理后，方可重新起动，同样特别重要的是要盘车。任何情况的时候，严禁强行起动。

3）高压电动机及容量较大的低压电动机，起动前应先检查油路是否畅通，油压及油温是否正常；检查冷却水管路是否通畅液压泵、水泵是否工作正常，如有碍于运行的不妥之处应及时处理；同时应检查电动机的通风情况是否良好。

4）自耦减压起动器适用于中载或重载笼型电动机的起动，当起动困难时，可把自耦变压器的抽头调到电压较高的抽头上。时间继电器的切换应在起动电流降至接近额定电流时或者转速达到额定转速的80%以上时动作。电动机起动时，应保证过载保护不动作。电动机起动时间过长或起动引起电动机温度升高很大时，应考虑减轻负荷起动，否则应更换起动转矩较大的电动机。选用自耦减压起动器时，自耦变压器起动电动机的容量应大于实际起动电动机容量一级。

5）Y-△起动器仅适用于轻负荷起动且为三角形联结的笼型电动机，容量较大或重负荷起动的电动机不适于用Y-△起动器起动。时间继电器的切换及过载保护的要求同自耦减压起动器。

6）电阻或电抗串联起动器适用于中载或重载笼型电动机的起动，当起动困难时，可适当减小电阻或电抗。时间继电器的切换及过载保护要求同自耦减压起动器。电阻或电抗串联起动器的设置必须考虑电阻或电抗的散热问题。

7）频敏变阻起动器适用于绕线转子电动机的起动，时间继电器的切换及过载保护要求同自耦减压起动器。选用频敏变阻起动器时，频敏变阻器起动电动机的容量应大于实际起动电动机容量一级。

8）变频式交流电动机起动器适合于交流电动机的起动，选用变频起动器时，变频起动器起动电动机的容量应大于实际起动电动机容量一级。

9）电动机起动设备及控制装置的安装应符合国家标准的要求，并有良好的通风，同时应由专人维护检修，并制定维护检修手册及规程，这样有利于电动机的安全运行，也有利于起动设备的安全使用并延长其使用寿命。

10）起动设备及控制装置中的保护继电器及其二次回路运行中必须保证接

线正确可靠；各种继电器的整定值应每季校验整定一次，并用漆封好；二次回路应用不小于1.5mm^2的硬塑铜线，电流回路应用不小于2.5mm^2的硬塑铜线，至少应每半年测量一次其绝缘电阻，其阻值应大于1MΩ；每周应校验一次起动设备及控制装置的动作程序的正确可靠性，一般是将总电源开关拉掉，然后操作控制按钮，观察在没有负载的情况下，继电器和接触器动作的正确与否，并检测接触器的吸合状态。

3. 电动机的日常巡视检查必须按照安全要求进行

1）电动机运行中的巡视检查周期是根据安装地点的环境及使用特点制定的，一般情况下，有人值班的应每班一次；无人值班的应每周一次。

2）电动机的各种控制、保护、起停、联锁等装置应定期检查、调整及试验，一般应每年至少一次。

3）电动机的通风冷却设施应每周巡视检查两次；而电动机的轴承，每班至少巡视检查两次。

4）对频繁起动的电动机、容量较大的电动机、使用条件恶劣的电动机及其起动设备、附属设施应增加巡视检查次数。

5）巡视检查的项目内容。

① 运行的电动机其电流是否超过允许值，是否与实际负荷相对应，是否存在突变，电压是否在允许范围以内，是否断相，通常用钳形表实测。

② 电动机各部位的温度是否超过允许值。

③ 轴承是否过热，有无异常声音，油位指示器的油位是否正常，油环转动是否灵活。

④ 电动机运行声音和振动是否正常，有无异常声音、气味、焦味及打火等异常现象。

⑤ 电动机的转速是否正常，有无转速不匀现象，可用转速表检查。

⑥ 由室外引入冷却空气的电动机应注意空气管路是否畅通，各连接部是否紧密，管路上的闸门位置是否正确。自然通风的通风是否良好。

⑦ 电动机的接线、接地线的连接是否松动，有无过热或打火现象。

⑧ 电动机的风扇、风扇罩、传动带或联轴器的护罩是否完好，室外电动机的防护篷是否完好；电动机本体是否洁净，有无杂物或污迹，通风槽是否被堵塞等。

⑨ 电动机的地脚螺栓是否松动，基础是否完好，周围有否杂物等。

⑩ 同步电动机、绕线转子电动机、直流电动机还应检查电刷与集电环的接触情况是否良好，打火是否严重。电动机的集电环是否短路，手柄是否在运行位置，电刷是否已抬起。同步电动机的励磁系统是否正常。

⑪ 可调速的电动机在运行中应根据生产工艺的需要，检查调速功能是否正

常，调速范围是否满足工艺要求。

6）电动机合闸运行前应检查的项目内容。

① 检查人容易碰触的传动部位的保护设施是否牢固，周围有无杂物。新投入运行的电动机还应检查使用条件、接线与铭牌数据是否相符，绝缘电阻、线圈、直流电阻、空载电流、转速、噪声及轴承等。

② 电动机的控制、保护设备是否完好，工作是否正常，必要时应验正空投试验动作的正确性。

③ 检查轴承和充油起动设备中是否缺油，如是强力润滑，应先使油路投入运行。轴承用水冷却，应先打开冷却水。

④ 电动机的轴承能否自由转动，对于滑动轴承转子的轴承游动量每边应有 1 ~2mm 的框量。

⑤ 凡能盘车的机械必须进行盘车，以证实转子与定子不互相摩擦及轴承转动良好，所带的机械设备处于完好状态，没有被卡死、阻塞的现象。

⑥ 由室外引入冷却空气，应先检查闸门是否已打开，通风口有无被堵塞等。

⑦ 新投入运行的电动机，检查完毕后，应先不拖动负荷空转 8 ~16h，并注意空负荷电流（1/3 额定电流左右）、轴承及机壳温升、声音、振动、局部发热等现象，如有不正常现象，应立即停机排除。

7）统一集中控制的多台电动机，应检查联锁装置和统一制动装置是否正常可靠。

8）远控或多点控制的电动机，应检查各控制点“起、停”信号是否正确，并检查相对应的联锁装置是否可靠。互为备用自起动的电动机应检查电气联锁和机械联锁装置是否可靠。

9）绕线转子电动机电刷、集电环的检查。

① 电刷与集电环间接触磨损是否正常，运行中有无火花，通常应清理集电环表面，并用零号砂布打磨集电环，并校正电刷弹簧的压力；打磨时应用与集电环同弧的压板压住。

② 电刷与铜辫子是否完好，接触是否紧密，是否与外壳短路及有过热现象。电刷磨损到 2/3 时应更换。

③ 电刷与刷握内应无污垢，如有积炭应及时清除干净。

10）运行中的电动机，若绕组的绝缘电阻值与上次相比较（换算到同一温度下）降低 50% 及以上时，则应作耐压试验。绝缘电阻的测量一般是在 6 个月进行一次。

4. 电动机的拆卸和装配步骤必须按照安全要求进行

电动机在拆卸前，应预先在线头、端盖、刷握等处做好标记，以便修复后装配。在拆卸过程中，还应进行检查和测量并做好记录。

1）拆卸步骤。

① 拆开端线头，拆绕线转子电动机时，应抬起或提出电刷，拆卸刷架。

② 拆卸带轮或联轴器。

③ 拆卸风罩和风叶。

④ 拆卸轴承盖和端盖（先拆卸联轴端，后拆卸滑环或换向器端）。

⑤ 抽出或吊出转子。

2）主要零部件的拆卸。

① 带轮或联轴器的拆卸。

a. 先在带轮（或联轴器）上做好尺寸标记。

b. 再拆开电动机的端接头。

c. 松开带盘或联轴器的定位螺钉，取下销子，拉出带轮；一时拉不下来的，可将煤油从定位螺钉孔内注入，或用喷灯在带轮四周加热，使其膨胀，就能拉出来。

② 刷架、风罩和风叶的拆卸。先松开刷架弹簧，抬起刷握，卸下电刷，取下刷架。拆卸时应做好标记，以便于装配。

③ 轴承和轴承盖的拆卸。将轴承外盖螺栓松下，取下轴承端盖；先将轴伸端轴承外盖卸下，再松开后端盖紧固螺钉，取下后端盖，用木槌轻敲轴伸端，将转子和内端盖一起取出。

④ 抽出转子。抽出转子应小心，小型电动机的转子可与端盖一起抽出，要注意不可歪斜以免碰伤定子绕组；对于绕线转子电动机还要注意不要损伤滑环面和刷架；对于大型电动机，要用起重设备将转子吊出。

3）装配。电动机装配工序与拆卸工序相反。装配端盖时，用木槌均匀敲击端盖四周；拧紧端盖螺栓时，上下左右对角逐个拧紧，不可依次拧紧，否则，易造成耳攀断裂或转子同心度不良。装配完毕后，用手转动电动机转子，应转动灵活均匀，无停滞或偏重现象。

带盘安装方法：对于中小型电动机，在带盘端面垫上木块，用木槌敲打。对于较大型电动机的带轮安装，可用千斤顶将带轮顶入。

5. 电动机的检修试验周期及其项目必须按照安全要求进行

1）电动机的检修应根据安装场所的环境条件、电动机的型号及运行情况确定。一般情况下，小修的周期为1/2～1年，大修的周期为1～2年。使用环境良好的场所，周期可适当延长1年。

2）电动机小修项目内容。

① 清除电动机外部灰迹及油垢。

② 检查轴承及其润滑情况，可补或换润滑油，或更换轴承。

③ 检查集电环和换向器，调整或更换电刷。

④ 紧固各部螺钉（接线、地线）。

⑤ 测量绝缘电阻。

⑥ 检查引出线的连接及包扎、捆绑、绝缘情况是否良好。

⑦ 检查和清扫起动控制设备，检查操作标志字样是否清楚；起动程序及动作是否正常，元器件有无损坏或缺陷等。

⑧ 清除内部积灰，检查定子和转子有无不妥或扫膛等。

3）电动机大修项目内容。

① 小修各项目内容。

② 电动机解体，清洗内部污垢、油渍。

③ 检查定子线圈、磁极线圈的绝缘情况，槽楔是否松动，线圈匝间有无短路或烧毁痕迹，若有短路或烧毁且不能妥善处理时，应更换绕组。

④ 检查通风、冷却、润滑系统。

⑤ 检查铁心有无松动及与转子有无摩擦痕迹。

⑥ 检查笼型转子或线圈有无断裂或烧毁，转子平衡块及风扇是否松动、完好。

⑦ 绕组绝缘处理、刷漆、干燥、焊接、绑扎、紧固等。

⑧ 电动机组装、喷漆防腐。

⑨ 高压电动机保护装置的检查、调整及试验。

4）交流电动机大修后的试验项目。

① 绝缘电阻及500kW以上的吸收比的测量。

② 定子绕组交流耐压试验，40kW以下可测量绝缘电阻（1000V绝缘电阻表）。

③ 绕线转子电动机转子绕组的交流耐压试验。

④ 转子及定子绑线的绝缘电阻（一般用2500V的绝缘电阻表）。

⑤ 定子绕组的直流电阻。

⑥ 起动变阻器的绝缘电阻、直流电阻及交流耐压试验。

⑦ 定子绕组的极性及其连接的正确性。

⑧ 高压电动机及容量在320kW及以上的电动机应作直流耐压及泄漏电流的测量。

⑨ 高压电动机轴承的绝缘电阻。

⑩ 空载试验及转速的测定。

6. 不能将三角形（△）联结运行的异步电动机接成星形（Y）联结在额定负载下运行

错误地把三角形联结运行的异步电动机接成星形联结运行后，每相定子绕组上的相电压就会下降到原来的电压的0.58倍。例如，电源电压为380V，三角形联结时定子绕组相电压也为380V。如果错接成了星形联结后，每相定子绕组的相电压减小为0.58×380V=220V，这样电动机的转矩将要减小到额定转矩的0.33倍。这时如果仍带上额定负载运行，为了克服负载的阻力矩，就会迫使定子绕组中的电流增大，使转矩尽力去平衡负载阻力矩，从而造成过载发热，甚至烧毁电动机。

但是，电动机所带负载较轻（一般小于额定功率的40%）时，不需要较大的负载电流使转矩去克服负载阻力矩，但因绕组电压低，励磁电流较小很多，总的定子电流还是减小，这样电动机的功率因数和效率有所提高，温升也下降。所以，有时对运行中的电动机，当负载小于额定功率的40%（也就是通常说的“大马拉小车”）时，有意将三角形接成星形是有利的。

7. 不能将星形（Y）联结运行的异步电动机接成三角形（△）联结在额定负载下运行

一台接成星形联结运行的异步电动机，其定子每相绕组承受的相电压是电动机的额定电压的0.58倍，如果错接成三角形联结运行，其每相定子绕组承受的相电压就升高到厂家规定电压的1.73倍。例如，电源电压为380V，电动机接成星形联结运行，绕组电压为220V；若错接成三角形联结运行，绕组电压就升高到380V。绕组电压增加，铁心就会高度磁饱和，铁心磁通的励磁电流急剧增加，可达电动机额定电流的几倍以上，再加上负载电流，这样大的定子回路电流，将使电动机定子绕组因严重过热而烧毁。

8. 电动机不能在三相电源电压不平衡下运行

三相电压不平衡（也就是三相电压不相等）严重时，会使转子和定子绕组电流额外增加，也产生严重的不平衡。例如，当线电压不平衡度仅为4%时，电动机线电流不平衡度可达25%，这时就会引起电动机额外发热。三相电压不平衡还会引起电磁转矩减小，电磁噪声增加。所以，当电源电压严重不平衡时，不允许长期运行。

在照明和动力混合用电或单相和三相动力混合用电的电网中，当单相负载很大时（如电炉、电焊机、干燥箱等）以及电源发生故障等，都能造成三相电压不平衡。但只要任意两相的线电压差数不大于5%时，允许电动机在额定负载下长期运行。

9. 电动机不能断相运行

当电动机在断相情况下运行时，一相线电流为零，另两相线电流都会增大。例如，对于三角形联结的电动机，在额定值下正常运行时，每相绕组的相电流为电动机额定电流（线电流）的0.58倍。当U相断路，如图3-113a所示，U、W两相绕组串联后再与V相绕组并联在V、W两相电源上运行。在额定负载不变时，V相绕组的相电流将是最大的，为正常运行时的2倍，而U、

W 两相绕组的相电流仍不变，而线路上的线电流增大到额定电流的 1.73 倍。由于 V 相绕组的相电流比正常运行时增大了 1 倍，所以引起绕组过热。对于星形联结的电动机，当 U 相断路，如图 3-113b 所示，V、W 两相绕组串联接在电源 V、W 两相上运行。在额定电负载不变时，U 相绕组的电流为零，V、W 两相绕组的电流增大到额定电流的 1.73 倍，从而使绕组过热。从上述分析中我们可以看到，两种联结的电动机，当发生断相运行时，都会使某一相绕组（三角形联结）或某两相绕组（星形联结）的相电流和线电流增大。但增大的电流还不能使熔丝熔断，（因为电动机熔丝的额定电流都取为电动机额定电流的 1.5 倍以上，而熔丝的熔断电流又是熔丝额定电流的 1.3 ~ 2.1 倍，所以能使熔丝熔断的最小电流应为 1.5 × 1.3 = 1.95 倍电动机的额定电流，而电动机不论哪种联结，断相运行时的线路电流都只增大而电动机额定电流的 1.73 倍，所以不能使另两相熔丝熔断），这样长期断相运行，温度上升很快，容易烧毁电动机。事实证明：当电动机的负载为额定负载的 40% 以上发生断相运行时，绕组的相电流就会超过正常值。所以在实践中 1/2 以上的电动机烧毁事故都是由断相运行造成的，所以应该引起重视。

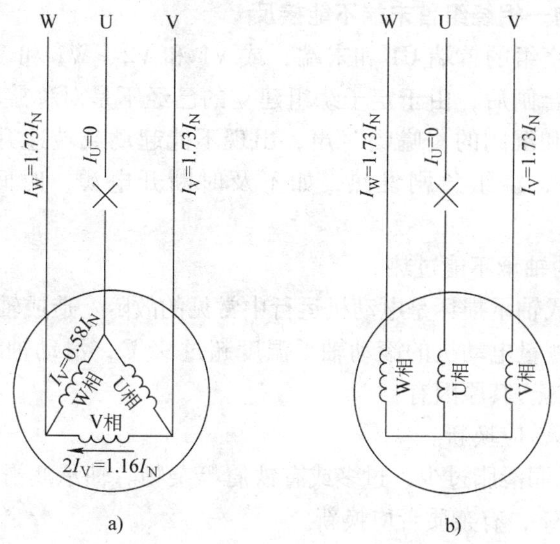

图 3-113　电动机断相满载的电流关系

10. 不能使用护罩不全的电动机

电动机的护罩主要是防止工作人员或其他人靠近时，把衣服、辫子、手中的绳索、布料等物被转动部分卷入而发生人身伤亡事故。

电动机电源的接线盒应安装完好，禁止在不安装盒盖的情况下运行。如果盒盖丢失或未安装，一旦有人碰上，就有可能发生人身触电事故，还可能造成电器短路事故。因此，不能使用护罩不全的电动机。

11. 长期不用的电动机不能直接投运

长期不用的电动机由于受潮及粉尘等影响，绝缘电阻较低，如果直接拿来使用，就可能发生设备及人身事故。所以在使用前应按规定检测电动机定、转子绕组相间绝缘电阻和相对地绝缘电阻，符合要求才能使用。如果测得的绝缘电阻不符合要求，就要采取相应的措施对电动机烘干、提高绝缘电阻值。另外，应仔细清除电动机各部分尘埃，这对电动机运行安全也很重要。电动机轴承的润滑脂一般有效期为 1 年，长期不用的电动机应清除旧的润滑脂，换成新的润滑脂，以保障电动机能可靠工作。

12. 不能用绳子穿在电动机的风罩上或套在转轴上吊运电动机

套在转轴上吊运电动机会使转轴变形，虽弯曲极为轻微，几乎测量不出来，但当电动机转动时对电动机运行就会有影响，严重时发生转动卡涩，造成电动机过载、过热，引起断路器跳闸。

风罩与电动机可以分拆开吊运，吊钩钩在风罩上吊运电极，会造成风罩变形且风罩不能承受整台电动机质量，吊运不安全。

13. 电动机的一相绕组首末端不能接反

假若把同一绕组的首端 U1 和末端，或 V1 和 V2、W1 和 W2 相互颠倒了，叫做一相接反。合闸后，由于定子绕组建立的已经不是对称旋转磁场，电动机会发出强烈振动和沉闷的“嗡嗡”声，出现不能起动或转速升不上去的现象，三相电流不平衡，绕组急剧发热，如不及时断开电源，时间稍长就会烧毁绕组。

14. 电动机的轴承不能过热

轴承过热造成轴承损坏是电动机运行中常见的故障。造成轴承过热的原因很多。当用温度计测量电动机的滚动轴承温度超过 95℃，滑动轴承温度超过 80℃时，就是轴承过热。其原因有：

1）轴承损坏，应换新。

2）滚动轴承润滑脂过少、过多或有铁屑等杂物。轴承润滑脂的容量不应超过其总容积的 70%，有杂质者应换新。

3）轴与轴承配合过松或过紧。过松时应给转轴镶套，过紧时应重新磨削。

4）轴承与端盖配合过紧或过松。若是过紧就加工轴承室，过松就在端盖内镶钢套。

5）电动机两端盖或轴承盖装配不良。将端盖或轴承盖止口装进、装平，拧紧螺钉。

6）传动带过紧或联轴器装配不良。调整传动带张力，并校正联轴器。

7）滑动轴承润滑油太少、有杂质或油环卡住。应加油、换新油，修理或更换油环。

15. 当电动机出现下列故障时，不能继续运行，必须进行检修

1）电动机故障的检查步骤。电动机在使用中常见的故障一般可分为机械故障和电气故障两部分。为了能迅速找出故障原因，及时修复电动机，当故障不明时，可按下述步骤检查：

① 检查三相电源是否有电。

② 如果电源有电，应检查熔丝、开关及起动器是否有故障（如螺钉是否牢固、接线是否正确等）。

③ 如果开关和起动设备完好，应卸下传动带或联轴器，使电动机空载运行，检查故障是否由负荷引起。

④ 如果故障发生在电动机本身，应打开接线盒，检查接线有无焦痕，是否断裂。

⑤ 如果接线良好，应检查轴承是否损坏，润滑脂是否干涸、量少。

⑥ 如果轴承也完好，应检查定子绕组有无焦痕、断裂、短路或碰壳故障。

⑦ 最后检查转子是否有断条。

电动机发生故障时，往往会发生转速变慢、有噪声、温度显著升高、冒烟、有焦煳味、机壳带电和三相电流不平衡或增大等现象，通过对这些现象的归纳分析，从而有针对性地尽快找出故障。

2）电动机的常见故障与原因分析。

① 电动机不能起动。故障的原因有：

a. 电源没有接通或断路。

b. 电动机的绕组断路。

c. 绕组相间短路或接地。

d. 绕组接线错误。

e. 控制线路接错。

f. 过电流继电器整定值过小。

排除的方法为：

a. 认真检查开关、熔断器、控制电器的触头、电动机的引出线，查出故障并排除。

b. 如果是绕组的故障就要及时送到维修站去维修。

c. 拆卸电动机，检查各绕组电阻值和接线情况，找出短路点、接地点修复。

d. 重新判断绕组首末端，正确接线。

e. 检查控制线的错误并纠正。

f. 调大过电流继电保护设备的整定电流。

② 接通电源后，电动机嗡嗡响但不转动。故障的原因有：

a. 电源电压过低。
b. 三相电源断相。
c. 绕组接错。
d. △联结绕组，错接成Y联结。
e. 装配不良，润滑不良。
f. 负荷过大或机械卡住。
排除的方法为：
a. 检查电源电压，并与供电部门联系解决。
b. 检查三相电源，排除开关、熔断器故障。
c. 检查绕组接线，判断绕组首末端，重新正确接线。
d. 检查铭牌规定，改成△联结，考虑补偿起动。
e. 检查电动机轴承，重新装配，更换油脂。
f. 检查机械负载，排除机械故障或更换电动机。
③ 电动机起动时熔丝烧断或熔断器动作。故障的原因有：
a. 电源断相。
b. 一相绕组对地接地。
c. 熔丝电流过小。
d. 电源馈线断路。
e. 机械设备卡住。
排除的方法为：
a. 检查三相电源，找出断点并修复。
b. 检查绕组对地绝缘，拆修电动机绕组。
c. 检查熔丝大小，重新计算后，更换新熔丝。
d. 检查电源馈线并更换。
e. 检查拖动机械，并排除机械故障。
④ 电动机外壳带电。
a. 绕组受潮绝缘层已经被破坏。
b. 绝缘严重老化。
c. 错将相线当成接地线。
d. 引出线与接线盒相碰短路。
排除的方法为：
a. 检查绕组对地绝缘，并做烘干处理。
b. 检查绕组绝缘层，或直接更换绕组。
c. 检查电源接线并改正。
d. 检查接线盒，做好引出线绝缘处理。

⑤ 电动机空载或负载运行时，电流表指针摆动。故障的原因有：

a. 绕线转子电动机有一相电刷接触不良或一相断路。

b. 绕线转子电动机集电环短路装置接触不良。

c. 笼型转子断条或开焊。

排除的方法为：

a. 检查电刷，改善电刷与集电环的接触面；检查断路处，并排除。

b. 检查短路装置，必要时要更换。

c. 检查转子，并利用开口变压器或其他方法检查。

⑥ 电动机起动困难，加额定负载后，电动机转速比额定转速低。故障的原因有：

a. 电源电压过低。

b. △联结绕组错接成了Y联结。

c. 部分绕组接错。

d. 鼠笼断条。

排除的方法为：

a. 检查电源电压，与供电部门联系解决。

b. 核对接法，重新改为△联结运行。

c. 检查绕组接线，重新判断绕组首末端正确接线。

d. 拆检电动机，并送维修站修理。

⑦ 电动机运行时振动过大。故障的原因有：

a. 电动机的地脚螺栓松动，或电动机安装不平衡，或基础强度不够。

b. 轴承磨损严重，间隙不合格。

c. 气隙不均匀。

d. 转子不平衡。

e. 机壳强度不够。

f. 风扇不平衡。

g. 绕线转子的绕组短路。

h. 笼型转子开焊、断路。

i. 定子绕组出现接地、断路、短路、接线错误等故障。

j. 转轴弯曲。

k. 铁心变形或松动。

l. 齿轮接手松动或靠背轮或带轮安装不符合要求。

排除的方法为：

a. 检查地脚螺栓及时紧固或更换，找平电动机或将基础加固。

b. 使轴承间隙符合要求。

c. 调整气隙，使符合要求。

d. 检查原因，经过清扫、紧固各部分螺栓后校动平衡。

e. 增强机械强度。

f. 将风扇校正平衡。

g. 检查并及时维修绕组。

h. 进行补焊或更换笼条。

i. 修理定子绕组。

j. 校直转轴。

k. 校正铁心，然后重新叠装铁心。

l. 重新找正，或重新安装，或进行修理。

⑧ 集电环发热或有刷火。故障的原因有：

a. 集电环表面污垢，表面粗糙度不够引起导电不良。

b. 电刷被卡在刷握内，使电刷与集电环接触不良。

c. 集电环椭圆或偏心。

d. 电刷牌号不符。

e. 电刷压力太小或刷压不均。

f. 电刷数目不够或横截面积过小。

排除的方法为：

a. 清除污物，用干净布沾汽油擦净集电环表面，并排除漏油故障。

b. 将集电环磨光或车光。

c. 修磨电刷，使电刷在刷握内间隙符合要求并且要求间隙均匀。

d. 采用制造厂规定的电刷或选用性能与制造厂规定相近的电刷。

e. 调整刷压，使符合要求。

f. 增加电刷数目或增加电刷接触面积，使电流密度符合工作要求。

⑨ 电动机运行时有杂音。故障的原因有：

a. 槽配合不当。

b. 轴承磨损严重。

c. 转子摩擦绝缘纸或槽楔。

d. 定子摩擦转子。

e. 定子绕组接线错误。

f. 绕组有短路、断路等故障。

g. 重绕时每相匝数不相等。

h. 轴承缺少润滑脂。

i. 风扇碰到风罩或风道堵塞。

j. 定、转子铁心松动。

排除的方法为：

a. 认真校验定子与转子槽的配合。

b. 检修或更换轴承。

c. 剪修绝缘纸或槽楔。

d. 调整气隙。

e. 正确连接定子绕组。

f. 检查绕组，并排除故障。

g. 重新绕线，改正匝数。

h. 清洗轴承，添加润滑脂。

i. 修理风扇和风罩，清理通风道。

j. 查找振动原因，并排除。

⑩ 轴承发热。故障的原因有：

a. 轴承型号选小或过载，会使滚动体承受载荷过大。

b. 轴承与轴颈或端盖配合过松或过紧。

c. 油封过紧。

d. 轴承内盖偏心，与轴承相摩擦。

e. 轴承间隙过大或过小。

f. 滑动轴承油转不灵活。

g. 电动机与传动机构连接偏心或传动带过紧。

h. 润滑脂过多或过少，油质含杂质。

i. 电动机两侧端盖或轴承盖未装平。

j. 轴承有故障，磨损、有杂物等。

排除的方法为：

a. 选择合适的轴承型号。

b. 过松时，可以用农机 2 号胶粘剂或低温镀铁处理；过紧时，适当车细轴颈，使之符合配合工差的要求；检查轴承与端盖的间隙，并调整至合适。

c. 更换或修理油封。

d. 修理轴承内盖，使与轴的间隙适合。

e. 更换新轴承。

f. 检修油环，使油环尺寸正确，校正平衡。

g. 校准电动机与传动机构连接的中心线，并调整传动带张力。

h. 拆开轴承盖，检查油量。要求油脂填充至轴承室容积的 1/3 ~ 1/2；检查油内杂质，并更换洁净的润滑脂。

i. 按正确的工艺将端盖或轴承盖装入止口内，然后均匀紧固螺钉。

j. 更换损坏的轴承；对含有杂质的轴承要彻底清洗，并换油。

⑪ 电动机过热或冒烟。故障的原因有：

a. 定子与转子摩擦。

b. 电动机通风道不畅通或环境温度进风温度过高。

c. 电源电压过高，使铁心磁通密度过饱和，造成电动机温升过高。

d. 绕组表面粘满尘垢或异物，影响电动机散热。

e. 笼型转子断条或绕线转子绕组接线松脱，电动机在额定负载下转子发热，使电动机温升过高。

f. 电动机频繁起动或正、反转次数过多。

g. 电动机过载或拖动的生产机械阻力过大，使电动机发热。

h. 绕组匝间短路、相间短路以及绕组接地。

i. 灼线时，铁心被灼过，使铁耗增大。

j. 电动机两相运转。

k. 重绕后的绕组浸渍不良。

l. 电源电压过低，在额定负载下电动机温升过高。

m. 绕组接线错误。

排除的方法为：

a. 检查故障原因，如果是由于轴承间隙超限，则应更换新轴承；如果转轴弯曲，则需要调直处理；铁心松动或变形时，应处理铁心，以消除故障。

b. 隔离电动机附近高温热源；不使电动机在阳光下暴晒；改善环境温度，采取降温措施。

c. 如果电源电压超过标准很多，应与供电部门联系解决。

d. 清扫或清洗电动机，并使电动机通风道畅通。

e. 查明断条和松脱处，重新补焊或扭紧固定螺钉。

f. 减少电动机起动及正、反转次数或更换合适的电动机。

g. 排除拖动机械故障，以减少阻力；根据电流指示，如超过额定电流，需减少负载；更换较大功率电动机或采取增容措施。

h. 查明绕组故障并及时修理。

i. 作铁心检查试验，检修铁心，并排除故障。

j. 检查熔丝、开关接触头，并排除故障。

k. 要采取二次浸漆工艺，最好采用真空浸漆措施。

l. 若因电源线电压降过大而引起，可更换较粗的电源线；如果是电源电压过低，可向供电部门联系，以提高电源电压。

m. Y联结电动机误接成△联结，或△联结电动机误接成Y联结，要改正接线。

16. 滚动轴承的拆卸禁忌

1）拆卸轴承时，应使轴承受力点正确，从轴上拆下轴承时，应使轴承内圈均匀受力；从轴承室拆下轴承时，应使轴承外圈均匀受力，禁止受力点错误。

2）拆卸轴承时，通常使用专业的拆卸工具，如拉马等，禁止硬敲硬打。

3）在架设拆卸工具时，要使各拉杆长度相等（通常有2~3根），距离主螺杆中心线的距离相等，不要偏斜。钩爪要平直地钩住轴承内圈，并检查主螺杆应与转轴中心线重合。为了保护转轴端的顶尖孔，不要使主螺杆直接顶在顶尖孔上，在它们之间应垫上金属板或滚珠进行保护。

4）拧紧的主螺杆向外拉轴承时，用力要均匀，应使每个钩爪的作用力一致，动作要平稳，禁止使劲猛拉。

5）在拆卸过程中，不可使转轴轴颈配合表面的精度受损伤。

6）热套装的轴承因配合过盈较大，不允许使用硬拆硬卸的办法，因为这样做不但拆卸困难，同时还会损伤轴承的配合精度。

17. 滚动轴承的装配禁忌

1）原来是热套装的轴承，在装配时仍要采用热套配合，禁止改为冷套配合，否则会使轴承在运行时产生噪声、发热以及缩短使用寿命。通常中心高小于160mm的小型电动机是采用冷套配合的。

2）套装滚动轴承前，禁止不检查轴承内圈与轴颈配合公差以及轴承外圈与端盖轴承座的配合公差。禁止不检查轴承、轴颈、端盖轴承座三者配合表面的粗糙度。

3）装配滚动轴承时，要先把内轴承盖涂好润滑脂后套入轴内，然后套装轴承。在轴颈上薄薄地涂上一层润滑油，便可着手装配轴承。

4）禁止采取铜棒打入轴承的办法装配。采用这种方法装配，由于轴承内圈受力不均，装配质量不高。据统计有35%的轴承故障是因装配操作不当所造成的。因此，原则上不允许采用此法。

5）采用套筒打入轴承时可保证轴承受力均匀。套筒可采用软金属或铜管制成，其内径应比轴颈大2~3mm，其厚度应小于轴承内圈的厚度，套筒与轴承内圈端面的接触应紧密。禁止不将套筒擦拭干净和清除毛刺和脏物，就直接进行敲打，否则敲打套筒时，脏物和毛刺会落进轴承内。

6）在进行热套装配之前，禁止不仔细检查轴承内圈与轴颈的配合尺寸。因为热套与冷套不同，热套时在套入的过程中不易发现轴颈与轴承内圈配合公差和过盈程度是否适宜，而冷套过程中可以根据套入过程中的压力大小，间接判断出配合过盈量是否合适。热套时将轴承加热至100℃左右，对非密封式轴承，可在润滑油或废变压器油中浸煮5mm左右，即可迅速将轴承套入到轴颈上；对于密封式轴承，因轴承内部已涂满了润滑脂，禁止用油煮加热，可用电加热法将轴承均匀加热后套在轴颈上。

7）当轴承加热到110℃，加热时间为90～200s时，轴承内孔可涨出0.05～0.1mm。加热温度禁止超过110℃，否则会引起轴承退火。当达到加热温度时，及时取出轴承。操作时要戴好石棉手套，并迅速将取下的轴承进行装配。

8）在装配两端为单列深沟球轴承的小型电动机时，轴伸端的轴承应与轴承盖之间留有0.5mm的间隙，否则转子转动时，转轴因受热膨胀而使轴承卡住。对于小型电动机在轴伸端的轴承室中装有波形弹簧片，给转轴一定预压力，使钢球对保持架减少冲击，从而减少噪声和振动。

9）轴承安装后，应检查轴承是否已靠紧到轴肩的位置，否则会引起轴承过热。检查时可用塞尺测量轴承内圈与轴肩的间隙，如果因轴肩圆角半径过大而卡住轴承，还要拆下轴承，重新处理好后再安装轴承。

18. 滚动轴承的修理禁忌

1）在检修中，发现轴承与转轴配合松动时，禁止用样冲在转轴表面上冲出麻坑来增加配合紧度，因为样冲在转轴表面冲出突起的尖峰，在电动机运转时很快就会被磨平，失去配合紧度，同时，冲出麻坑后，影响轴承装配的同轴度。解决办法是采用胶粘剂或其他粘合剂，形成液体薄膜，增加配合紧度，这是电动机检修中最简易有效的解决方法。

2）深沟球轴承和圆柱滚子轴承禁止混用。一般电动机的负载端是圆柱滚子轴承，非负载端是深沟球轴承，由于深沟球轴承有轴向固定作用，不能调节转轴在运行时受热膨胀的轴向伸缩，而圆柱滚子轴承可以自动调节，所以不能将一端是深沟球轴承改为两端全是圆柱滚子轴承，也不能将两端全改成深沟球轴承，否则电动机会产生轴承过热故障。

3）电动机采用密封轴承，更换为普通轴承时，禁止不增加挡油圈，否则电动机运行后油脂受热熔化外溢。对立式电动机，尤其要注意这一点。

4）轴承清洗后，在涂润滑脂之前，禁止不检查轴承径向间隙和质量，不管新轴承还是修理的旧轴承，这一点应注意到。发现旧轴承有磨损超限的缺陷时，一定要处理或更换。有的修理单位在轴承清洗后不经检查，尤其对于新轴承，清洗后直接涂润滑脂进行装配，结果造成返工。

5）轴承清洗后，详细检查滚动体和滚动面应无伤痕、磨损、斑点等缺陷。要求轴承转动灵活。

6）轴承磨损间隙严禁超差。

7）润滑脂禁止不按制造厂规定选用。要求润滑脂质地纯净，无杂质。润滑脂应填满轴承内部空间的1/3左右，不宜过多或过少。

8）轴承内圈与转轴配合是基孔制，二级精度过渡配合。轴承外圈与端盖孔配合应是基轴制，二级精度，第四种过渡配合，严禁过紧。

9）转轴一端装有圆柱滚子轴承，另一端装有深沟球轴承的，严禁有轴向窜动。转轴两端都装深沟球轴承者，其中有一端的内外轴承盖止口上，在轴向应有1mm间隙。转轴两端装有内肩台的圆柱滚子轴承，应有轴向间隙，大小为轴颈直径的2%。

10）滚动轴承的允许工作温度为100℃。

19. 旧线圈拆除的操作禁忌

1）为了快速拆除旧线圈，采用喷灯烤焦旧线圈端部绝缘层时，禁止铁心局部过热，以防造成铁心冲片短路、变形，使铁心损耗增加。在烘炉内加热时，铁心温度应控制在200℃左右为宜，并要求加热均匀，否则也会引起铁心变形和导磁性能变坏。

2）为腐蚀旧线圈绝缘层，严禁采用火碱水煮整台电动机，因为这样做虽然能够腐蚀旧绝缘层，但铁心冲片漆膜也遭受腐蚀，引起修后电动机空载损耗增大，电动机运行时铁心发热严重。另外，严禁用甲苯或二甲苯等溶剂浸整台电动机绝缘层，这样做不但甲苯有毒、成本高，而且对铁心质量也会带来不良影响。

3）拆线圈时，严禁用力过猛，以防将铁心两端齿压板条碰弯、槽口碰变形，甚至碰掉齿压板条，从而降低铁心压紧程度，使端部叠片松弛，形成扇张现象。拆除绕线转子铜排时，严禁用螺钉旋具或扁铲从槽口向下砸铜排，以防使槽口铁心变形严重。可将转子放入烘炉内加热（烘温180℃左右），使绝缘层老化、变脆，以便于拆除铜排。转子放入烘炉时，要注意轴承和集电环不可过热，必要时要先扒下来，再将转子放入烘炉内。

4）严禁用火烧线圈。

20. 新线圈绕制的操作禁忌

1）禁止用较细的导线代用，禁止盲目改变线圈匝数。线圈匝数不足或线圈节距改小，均会造成电动机空载电流和起动电流增大，并增高电动机温升。

2）绕制绕圈时，禁止导线拉力不符合要求。拉力过大会使导线绝缘层受损伤，尤其是漆包导线，将使漆皮剥裂；拉力过小或不均，又会使线圈尺寸精度不够，线匝排列不整齐。

3）绕组型式禁止轻易改变。

4）禁止盲目放大绕线模尺寸，这样不仅浪费铜线，又影响电动机的性能，而且过长的端部线圈与端盖相碰，会造成对地击穿事故。

5）禁止所选用电磁线的规格、牌号不符合要求。电磁线的绝缘层应完好，无损伤。有条件时，应作电磁线进厂验收试验，且应有出厂检验合格证。

6）禁止所绕制的线圈匝数不正确。线圈导线排列要整齐，线圈各部分尺寸应符合图样或原始记录要求。

21. 绕组绝缘漆不能浸透的原因及解决办法

1）绝缘漆黏度太高。绕组表面挂上一层漆，但没有浸入绝缘层的毛细孔中，因此要求绝缘漆的黏度必须符合工艺规程要求。

2）浸渍时间短。采用浇漆法时，浇的时间短；有的只从一端浇漆，电动机不翻个，另一端未浇透。解决办法是改用浸漆法；或者延长浇漆时间，两端浇漆，使漆浸透。

3）绝缘漆和绕组的温度不符合工艺要求，温度过高、过低均不好。绕组温度过高时，绝缘漆未渗入到绝缘层的毛细孔内就已被固化，从而造成浸不透；绕组温度过低时，漆的流动性不好，也不能在规定浸漆时间内很好地浸入绝缘层内部。

22. 绕组绝缘漆烘干不彻底的原因及解决办法

1）烘房内热风流通不好，绕组受热不均匀，有死角。

2）烘干时间不够。

3）炉内温度低，或测量温度计指示不准。

4）未按浸烘工艺进行。

烘房最好采取热风循环，使炉内温度均匀，无死角。另外，温度计应放置在烘房内平均温度处，不可放在最热或最冷位置。

严格按浸烘工艺进行，每隔1h测量一次绝缘电阻值，测量之前一定要断电。当绝缘电阻值升至最高点后，稳定6~8h不变，则认为烘干终止。

23. 绕组烘干后，绝缘效果很差的原因及解决办法

绕组烘干时间很长，但绝缘电阻值总是升不上去，造成的原因和解决办法如下：

1）烘干前，电动机未彻底吹风清扫，有油泥和粉尘，即使长时间烘干，绝缘电阻值也不会上升。

2）线圈有接地点，烘干前一定要处理好，否则不能进行烘干。

3）绝缘材料有薄弱环节，应选用合格的绝缘材料。

4）绝缘漆有杂质，要过滤，过期的绝缘漆不可再用。

5）浸烘温度不够，应严格控制温度，并保证足够的烘干时间。

24. 绕组烘干后，表面不能形成坚固的光亮漆膜的原因及解决办法

1）绝缘漆过期失效，失效变质的漆禁止使用。

2）绝缘漆黏度低，浸渍次数不够。禁止减少浸渍次数，应增加到规程要求的浸渍次数。

3）烘干时间和温度不够，应保证烘干时间和温度。

4）稀释剂牌号不对，应选用正确的稀释剂。

5）漆膜有针孔或麻点，造成的原因和解决办法如下：

① 预热时间短，潮气未能全部逸出，浸漆后，绕组内部潮气突破漆膜冒出，从而形成针孔或麻点。应加长预热时间。

② 绝缘漆黏度太高，第一次烘干时，绕组内部存有气泡；第二次浸烘时，内部气体才逸出。应适当降低绝缘漆黏度。

③ 低温烘干时，升温太快，应按规程规定升温。

6）烘干后的电动机表面禁止不清理残漆，否则将影响电动机装配质量和接地效果。清理部位如下：

① 定、转子铁心表面。

② 机壳和端盖止口表面的残漆。

③ 接地螺栓处的漆膜。

第四章

维修电工习惯性违章案例

一、因电烙铁使用不当而引起的火灾事故

1. 事故经过

维修电工赵某正在使用外热式电烙铁维修一台电动机，当他将绕组焊接好后，便把电动机搬到后院烘房烘干绝缘漆，正当他坐在院子等待烘干时，突然传出维修车间失火的呼救声，这时的维修车间已经浓烟四起，幸亏值班人员发现，扑救及时，没有酿成重大火灾事故。

2. 事故原因

事后经调查，火灾的原因是由于赵某用过电烙铁后没有及时关掉电源，导致电烙铁持续加热，引燃附近易燃物引起的。这是一起典型的习惯性违章事故。

3. 经验教训

1）使用中的电烙铁不能任意乱放，并应远离易燃、易爆的物体，以防引起火灾。

2）不能将暂停使用的电烙铁头朝下放在烙铁架上，这是因为：

① 热量向上走，使烙铁头温度降低，不利于下次使用。

② 由于热量向上走，使烙铁心和手柄过热，甚至烧坏手柄。

③ 烙铁头会烫坏工作台，甚至引发火灾。

3）禁止将有很高温度的电烙铁停放在无人看管的地方。电烙铁不用后应及时拔掉电源。

二、违章使用射钉枪，左手被击伤

1. 事故经过

电工刘某按照供电所安排，给新的食品加工厂安装电能表计量箱，为了加快工作进度，刘某向朋友借来了射钉枪，准备直接将电能表箱安装在工厂后墙上。由于刘某没有使用射钉枪的经验，连续两次击发没有成功，第三次击发时，只听一声巨响，墙上嵌的一块青石被击碎，溅起的石块将刘某的左手击伤。

2. 事故原因

刘某不会使用射钉枪，却为了图省事，强行使用，违反了射钉枪不能在石块、铸铁等易碎或坚固物体上使用的规定，是造成这一事故的直接原因。

3. 经验教训

1）使用射钉枪前，应了解射钉枪的性能，第一次使用时应在会使用人员的指导下进行，弹药在使用保管过程中应远离明火。

2）射钉枪不可用其他工具将钉弹强行压人枪膛，严禁用非本射钉枪用的钉弹进行作业。发现射钉枪操作不灵活时，必须及时取出钉弹，排除故障，切不可随便敲击。

3）射钉枪的零件不完整的情况下，严禁操作，也不允许用其他零件代替，更不允许取下护罩操作。

4）严禁在易燃、易爆的施工场所使用，不可在大理石、铸铁及回火钢等易碎或坚硬的物体上作业，严禁在容易被穿透的建筑物及钢板上作业，在作业面背后禁止有人。

三、维修变压器时没有接地，导致绝缘层破坏事故

1. 事故经过

某化工厂扩大生产规模，需将原先的配电变压器移至厂外，变压器安装施工时，电工霍某未能按照配电变压器的安装要求正确接地，导致变压器绕组绝缘层损坏，从而给工厂带来了经济损失。

2. 事故原因

变压器正常运行时，铁心及其余金属结构件均处于绕组的电场作用下，由于电容分布不均，具有不同的电位。如果铁心不接地或接地不牢，则将产生断续放电现象，从而使变压器油分解，固体绝缘层被破坏，同时也无法确认变压器在试验和运行中的状态是否正常。因此铁心及其金属结构必须经油箱有一点可靠接地。但心柱和铁轭螺杆由于电容的耦合作业，所以它们与铁心电位一样，不需接地。

3. 经验教训

加强电工的技能培训，提高电工操作水平，严禁马马虎虎、三心二意地进行电力作业。

四、违章使用千斤顶，线架倾斜险砸伤

1. 事故经过

某供电所按照电网改造计划需将10kV张庄线21号～32号段改为地下电缆形式供电，在施工中，电工薛某和曹某被安排放电缆线，当时的电缆支架上至少还有1000kg以上的质量，他们用千斤顶将电缆支架撑起后，还没等开始放线，左边的千斤顶就陷入了泥土中，倾倒的电缆支架差点将薛某砸在下面。

2. 事故原因

薛某和曹某违反了千斤顶的安全使用要求，将千斤顶撑在并不坚固的泥土上，是造成这起电缆支架倾倒事故的直接原因。

3. 经验教训

1）使用时应严格遵守主要参数中的规定，切忌超高、超载，否则当起重高度或起重吨位超过规定时，油缸顶部会发生严重漏油。

2）重物重心要选择适中，合理选择电动千斤顶的着力点，底面要垫平，同时要考虑到地面软硬条件，是否要衬垫坚韧的木材，放置是否平稳，以免负重下陷或倾斜。

3）液压升降机将重物顶升后，应及时用支撑物将重物支撑牢固，禁止将电动千斤顶作为支撑物使用。

4）使用千斤顶时严禁超载，不得任意加长手柄。

五、带接地线合闸事故

1. 事故原因

电工张某检修完该辖区的供配电线路后，由于天色已晚，他便直接回到配电室送电，当他将断路器合上时，只听“砰”的一声巨响，顿时火光四起，配电盘上的部分仪器被烧毁。

2. 事故原因

电工张某在检修该辖区的供配电线路时，装设了接地线，他回到配电室送电时，由于一时匆忙，竟忘记了拆下接地线，从而导致严重短路事故，将配电盘烧毁。

3. 经验教训

装设接地线是在电气设备和电力线路上停电工作时所必须采用的安全措施之一，但在使用中若有使用不当、管理不严格，将会出现带接地线合闸的可能，带接地线合闸是电气事故中的恶性事故之一。一旦发生此类事故，将会造成重大设

备损坏、大面积停电或人身伤亡事故，应严禁带地线合闸送电。其防止措施是：对专用接地线严格管理，设有专人保管，接地线要有统一的编号，并对号入座存放在专用架上，使用时要办理领用手续，并及时归还放置原处。使用时要指定专人装设与拆除。严格按工作票上所列要求办事，接地线未收回前严禁送电。

综合对带地线合闸送电产生的原因进行分析，要避免带地线合闸送电事故的发生，工作中应做到以下几点：

1）接地线应加强管理，健全使用制度。接地线编号不得重复。设备检修结束送电前，必须检查本单位全部接地线，核实该设备上所装接地线确已归位，接地线的管理编号与线架上的座号一致。工作中特殊情况需要使用接地线，应按规定进行操作和记录，并在地理接线图上或一次设备模拟接线图上正确挂设地线标识牌。严禁电气工作人员包括值长擅自在设备上挂接地线。

2）严格执行检修工作制度，加强检修作业秩序管理。设备检修工作完毕，检修负责人应进行全面清查，防止自设安全措施（如设备临时短接线、试验导线及其他物件）遗留在设备上。对检修中操动过的断路器和隔离开关设备，修试完毕应恢复原断开位置。

3）建立健全安全的操作制度，特别是反对五“恶”事故的计划措施应抓好，并且要加以检查和落实。运行单位对本厂、变电所的接地安全设施应保证完好、对接地线挂设中可能产生误操作的各种情况归纳分类，认真制订出全厂、变电所设备检修接地示意标准图，并且予以推行。

4）对远距离、多分支、多班组同时突击检修后的输配电线路以及其他重要的线路，接线复杂的一次配电系统等，检修工作完毕后，可制订检修后坚持对设备测量绝缘电阻的制度，这样做既可对设备绝缘状况进行综合检查，也可以发现和防止带接地线合闸的送电事故。

六、奇怪的触电事故

1. 事故经过

电工吴某为工厂宿舍楼更换灯泡，正当他停下照明开关拆卸灯头时，突然触电，从椅子上摔了下来，幸好没有生命危险。

2. 事故原因

吴某在更换灯泡时，已经停下照明开关了，为什么还会触电呢？原来当时的照明开关控制的是相线，所以灯头还是带电的，这是导致吴某触电摔伤的直接原因。

3. 经验教训

照明开关必须串接在相线上而不允许串接在中性线上。

如果将照明开关串接在中性线上，虽然断开时电灯也不亮，但灯头上的相线仍然是接通的，而人们以为灯不亮就会错误地认为灯是处于断电状态。而实际上灯具上各点的对地电压仍是220V，如果灯灭时人们触及这些实际上带电部位，就会造成触电事故。

所以，各种照明开关或者单相小容量用电设备的开关，只有串接在相线上，才能确保安全。故不允许将开关串接在中性线上。

七、导线连接不合格，致使紧线时导线崩断事故

1. 事故经过

电工武某在辖区内的一条低压民用架空线路被过往的一辆超载货车刮断，断落的导线横挡在公路上导致该路不能正常通车，武某在当地交管部门的帮助下，为了抢时间，在明知导线连接部分有缺股缺陷的情况下，还是强行紧线，结果在紧线过程中导线崩断，自己也险些被回弹的导线抽伤。

2. 事故原因

电工武某没有按照导线连接规范正确合理地将导线连接起来，是导致这次事故的直接原因。

3. 经验教训

架空线路导线的连接必须合格，不能马虎大意，其要求如下：

1）禁止将不同金属、不同规格、不同绞制的导线或避雷线，在一个耐张段内连接。

2）禁止使用与现行的电力金具标准不配套的连接管及耐张夹进行连接。

3）导线禁止脏污。连接前必须将导线连接部位及与连接管所接触的表面用汽油清洗干净。钢芯有防腐剂或其他附加物的导线，当采用爆破压接时，必须散股，用汽油一一擦洗干净。

4）导线连接部分禁止有线股绞制不良、断股、缺股等缺陷。切割导线时严禁伤及钢芯。导线与避雷线连接后，管口附近禁止有明显的松股或超过缠绕处理标准的损伤。

5）爆压管爆压后出现的裂纹或穿孔，必须割断重接；弯曲度不许大于管长的2%，超过时要校直，校直后的连接管严禁有裂纹。

6）采用液压或爆压连接时，事先要复查连接管在线上的位置，应保证管端与线上印记重合，不得错开。

7）采用钳压或液压连接导线时，外层铝股要用钢丝刷清除表面的氧化膜，禁用铜丝刷或砂布清除。

八、电源相序接反事故

1. 事故经过

某厂塑钢车间加班装车。晚 7 时左右，10kV 电网停电，启用该厂的自备柴油发电机组继续抢装塑钢。数分钟后，天车吊钩顶坏电动葫芦，损失 1000 余元，幸未发生人身事故。

2. 事故原因

经检查，提升机构装有过卷扬限位器，而且限位器完好无损。为什么该限位器不起作用呢？经向操作工人了解，得知自从使用柴油发电机发电后，上升、下降等控制按钮功能互相颠倒；按上升按钮则下降，反之则上升。显然是自发电的相序与电网的不一致。重物提升到极限位置时，虽然顶开了过卷扬限位器，但电动机的电源并不经过这个极限位置，继续运转，以致发生上述事故。

3. 经验教训

① 设备安装和维修后，一定要做好各项检查，并认真记录。对于新接电源和有两路电源的，应核对相序。

② 加强电工管理，值班电工不得擅离职守。操作人员发现按钮功能颠倒后，曾找过值班电工，但问题没有得到解决。

③ 天车及电动葫芦等应由专人操作，操作者必须了解设备的结构性能，熟悉安全操作规程。

④ 这类起重设备应采用点动控制，即起动按钮不应并联接触器的自保触头。

九、电梯突然停电事故

1. 事故经过

某厂有一台手柄控制自动门客货两用电梯（额定速度为 0.75m/s），安装使用五年来运行情况良好，最近突然接连发生了两次故障。第一次电梯由顶层（四楼）下行到三楼平层位置下 1m 处，轿厢突然自动制动，同时发出很大的撞击声，这时司机感到情况很不正常，就请检修工人检查。检查结果没有发现问题，于是电梯又投入使用。两天以后又出现了同样的故障，当时轿厢由顶层下行到二楼与三楼中间时电梯无故自动制动并发出响声。这次停车以后电梯再无法开动，只能打开轿顶安全窗将乘客从三楼层门放出。

2. 事故原因

经检查，这两次故障产生的原因都是因为限速器误动作引起的。限速器使用五年来一直未按规定进行保养和检验动作速度，故限速器钢丝绳被轧住而拉动安全钳拉杆，导致安全钳楔块上提夹住导轨而使轿厢紧急掣停和发生撞击声（因为额定速度0.75m/s电梯配的是瞬时动作安全钳，故制动时有很大的撞击声）。第一次故障发生时，由于位于轿厢上面横梁上的安全钳开关失效，未切断电源，且轿厢又在自动平层板与平层感应器作用范围内，故轿厢向上仍能平层，安全钳楔块能及时释放，使电梯仍能运转。但限速器和安全钳开关失效的故障未查出，电梯带故障运转。

第二次故障发生时，由于轿厢处于平层装置无法起作用，因此向上无法平层，向下则安全钳楔块越来越紧，以至于电梯无法动弹。这时只能采用人工松开制动器，用人力曳引手轮盘动曳引机将轿厢往上提升，使安全钳释放。

3. 经验教训

1）将限速器拆开清洗，对轴套与轴表面进行检修，使之达到规定粗糙度，然后给以规定的润滑。同时，将失效的安全钳开关修复再投入运行。

2）组织有关人员学习我国有关电梯法规，制订切实可行的实施细则，特别是每年进行一次电梯安全检查。

十、电弧灼伤事故

电弧灼伤是电气工作中比较常见的伤害事故。在检查及调试低压电器设备时，电弧灼伤比其他伤害事故要多，约占总事故的60%。电弧温度高达3000～5000℃。灼伤部位多在面、颈、手臂等处，往往使受伤人员伤肢、毁容，造成肉体和精神上的痛苦，给单位和本人造成经济上的损失。因此，对电弧灼伤应引起充分注意。下面结合几起电弧灼伤事故实例总结经验教训。

1. 事故经过

1）调试人员用胶盖刀开关起动一台4.5kW的电动机。因机械部分卡阻，电动机没转动起来。试机人员赤手去拉开刀开关时，产生电弧，使试车人员手被灼伤。

2）在某金工车间配电室内，检修人员在一个已停电的配电屏上作业。由于扳手脱落，甩到相邻的带电配电屏的铝排上，产生短路电弧，灼伤检修人员的手和臂。

3）在某循环水泵房安装工作完毕进行调试时，由于一根导线回弹到带电铝排上，发生短路，产生弧光。电弧在带电铝排间延续扩大，直到总进线柜保护动作跳闸。被电弧熔化和蒸发的铝微粒飞溅到作业人员的面部、眼睛、手上等处，造成严重烧伤。

4）在同一循环水泵房的另一个配电屏上，电气检修人员用有裸露金属杆的验电器去检验断路器上电源线（铝排）是否有电时，不慎发生短路起弧，弧光又使配电屏上母线短路，发生断续三声轰响，使检修人员的手和面部被灼伤。

5）检修人员在空气压缩机房检修 A 机配电柜时，在未起动时的 B 机配电柜控制回路熔断器下侧接一电钻取用临时电源，电钻用完后去拆线时，B 机已投入运行，为不影响生产，检修人员带电拆除临时接线。结果线头短路起弧。电弧在配电柜内延续扩大，发生四次爆炸声，整个配电柜内的电器全部烧毁，影响生产 16h。检修人员面部、双手都被灼伤，灼伤程度局部达三度。

2. 事故原因

分析以上几例灼伤事故，可知事故原因大体有：

1）主观上工作人员没有认真执行《电业安全工作规程》，盲目蛮干。

2）客观上有产生电弧的条件和人体直接与电弧接触的机会，即有裸露的带电体产生短路（多为不慎发生的人为短路）的条件造成起弧，并且电弧在裸露的带电体间能延续扩大。另外，人体被灼伤的部位都是裸露的部位。

3. 经验教训

针对事故原因，应采取以下措施：

1）认真执行《电业安全工作规程》，树立安全第一思想。应使工作人员意识到，在工作中，随时都有发生电弧的可能性，要做到防患于未然。

2）尽量停电作业，并做好停电作业的安全措施。在完全无电的情况下是不会产生电弧的。

3）在必须带电检修时，应穿戴好防护用品。工作服的领口、袖口都要扣好。要佩戴好保护眼镜和戴手套。工作时，面部要避开可能发生弧光的地方。电弧温度虽高，但时间极短，在无延续扩大的情况下，只有零点几秒钟，工作人员身体只要不裸露，一般是不会严重灼伤的。

4）需要经常检修的配电屏、配电柜内，杜绝使用裸体导线（铝排、铜排等）。现在正使用的配电屏如有裸铝排、裸铜排，可用塑料带包扎。

5）常用电工工具的金属裸露部分，是发生电弧的导火线。在裸露部分都要加绝缘处理，如测电笔金属杆和螺钉旋具的金属部分都要用塑料管套上。

6）加强保护装置的定期检验，加装速断保护装置。

十一、违章使用砂轮机，眼睛被刺伤

1. 事故经过

电工赵某在维修电动机时，需要磨一下钻头，正当他起动砂轮机修磨钻头时，砂轮片突然飞出，幸亏他没有正对着砂轮机站立，飞出的砂轮击打到墙壁上，弹起的砂石将赵某的眼睛刺伤。

2. 事故原因

砂轮机的砂轮片安装不合格，是导致这次事故的直接原因。

3. 经验教训

电动机修理中需要磨钻头、錾子以及其他工具等，经常用到砂轮机，砂轮机的安全操作禁忌包括：

1）禁止使用砂轮片有撞击、破损、裂纹，固定不牢靠的砂轮机。因此，使用之前要认真检查。

2）禁止无防护措施操作。如确认砂轮机正常，在磨削工件之前要戴好眼镜或者砂轮机本身带有防护镜。

3）禁止将身体正对砂轮片，应在侧面操作。

4）禁止使用托刀架间隙过大的砂轮机，必须调好后才可以使用。

5）禁止合开关后立即进行磨削，应先合开关让砂轮机空转，达到转速要求后才开始磨削。

6）磨削工件刃具时，禁止用力过猛。

7）禁止在砂轮机上磨铝、铜等软金属和木料。

8）砂轮磨损超限时，禁止磨削使用。

9）在磨削时，禁止将工件与砂轮撞击，以免损伤砂轮，砂轮磨损或出现偏摆跳动现象要修后再用。

10）安装砂轮片时，要注意紧固螺母的拧紧方向与砂轮旋转方向相反。用后要及时切断电源。

十二、电动机装配不合格，致使绕组再次烧毁

1. 事故经过

维修电工刘某重绕一台三相异步电动机后，在没有检查绝缘电阻，没有做出厂试验的情况下，只是接通电源试机，感觉运行良好，就直接装配到机械压轧机上，带负荷运行2h后，突然冒出呛人的烧焦气味，经检查绕组又被烧毁。

2. 事故原因

经检查，该电动机再次烧毁的原因是由于刘某违反电动机的装配程序造成的，发现不但绕组绑扎松动，而且很多槽楔都高出铁心表面。电动机内腔也有很多污垢。

3. 经验教训

维修后的电动机，其装配过程一定要符合如下要求：

1）电动机的装配工序与拆卸顺序相反，不能违反这一程序。

2）禁止电动机内腔有灰尘，应用压缩空气吹净后再进行装配。

3）禁止铁心通风道未清理干净。

4）禁止定、转子绕组表面有严重的油污，应在装配前用汽油擦洗干净。

5）禁止机座、端盖止口有漆瘤和污垢，要用刮刀和铲刀铲除干净，否则会影响电动机装配的质量。

6）禁止不仔细检查齿压板、槽楔、绝缘垫块、绕组绑扎是否松动，是否高出铁心表面。

7）禁止用手搬运质量较重的转子，应用专用工具吊起穿入定子。

8）装配端盖时，禁止不按原始记录安装前后端盖，要求端盖的固定螺钉要均匀对称拧紧，敲打端盖时要垫上木板，以防将铸铁端盖打裂。拧紧端盖固定螺钉前，要用手转动轴伸出端，无卡阻现象时，再把全部固定螺钉拧紧。

9）安装外风扇和风扇罩时，禁止将外风扇装反。

10）装配好后用0.3MPa左右的压缩空气吹净电动机表面灰尘，然后测量绝缘电阻，绝缘电阻不得低于规程的规定值。

11）安装带轮或联轴器。首先擦净轴伸端，如果表面不干净也可用细砂布打磨光滑，对于小型电动机可冷装，用手将带轮套入轴端，然后用锤子垫木板敲打带轮，将带轮打入到原始记录位置，再打入键以固定带轮，最后用扳手拧紧固定螺钉。对于较大的电动机是采用热套配合的，带轮加热后，手戴上石棉手套将带轮快速推入到转轴上即可。

12）将总装配好的电动机吊运到工作地点，将电动机地脚垫片铺好，检查电动机落地位置是否正确，否则要调整一下。将带轮带上传动带（如果是联轴器，要装上负载机械的联轴器）。检查和调整安装正确性，无误后便开始拧紧电动机地脚固定螺栓，最后接上电源线。

13）按拆线时的记录标志进行接线，接完线后，要拧紧，然后盖上接线盒盖。接好线后，拧紧螺钉，最后用绝缘带把连接处包扎好，以防漏电。在装配接线时，禁忌把原有的垫圈、连接板以及防松装置忘记。

14）重新检查一次绝缘电阻后，再作一次出厂试验。

十三、车制新轴不合格，电动机无法正常运行

1. 事故经过

维修电工高某为一台转轴断裂的大型三相异步电动机车制了一根新轴，装配好后，通电试机发现电动机振动剧烈，噪声很响，不能正常使用。

2. 事故原因

经检查高某车制的新轴没有矫直，是造成这一故障的直接原因。

3. 经验教训

电动机更换新轴时一定要按照如下工艺要求进行：

1）转轴断裂或矫正困难的转轴，应更换新轴。更换前，要确认转轴材料，禁忌降低其强度。

2）根据原材质下料和选用合理的刀具。

3）毛坯下料后，禁止不进行矫直和热处理（正火）。

4）先加工转轴端面，然后在转轴两端端面加工出中心孔。此孔作为以后加工和检验的基准，要求中心孔的60°锥面应有一定精度、粗糙度和严格的深度。

5）选用精密车床进行加工。一般车床不能保证加工精度，同时要分为精车和粗车两个工序。有些部位，如轴承配合面等精密部位，还要待转轴压入转子铁心之后，以转子外圆定位，再进行精加工，只有这样才能保证同轴度。

6）按原始记录进行转轴各部位加工并保证质量，如圆柱面、圆锥面、端平面、连接圆弧等。最后，按原始记录或图样检查转轴的尺寸。

7）铁心位、轴承位及轴伸等表面同轴度，应在0.02mm以下。

8）轴肩平面（阶台）与轴线的垂直度。

9）与含油轴承配合的轴承位，其形状公差尺寸应符合要求。

十四、违章更换不匹配电刷，导致直流电动机不能正常使用

1. 事故经过

电工翟某维修一台直流电动机，发现该电动机的电刷已经严重磨损，便想更换电刷，由于一时没有匹配的电刷，便找来一只差不多的，稍微打磨一下后装了上去，等他维修完该电动机，装配好试机时，由于电刷不匹配，电动机噪声很大，电刷振动严重，不能带负荷运行。

2. 事故原因

使用不合格的电刷是导致这次事故的直接原因。

3. 经验教训

为了保证直流电动机的电刷工作正常，电刷在刷盒内不可太松或太紧，电刷的压力不可太大或太小，不能让电刷在刷盒内的活动受阻，可通过提刷是来检验电刷在刷盒内的活动情况，电刷和刷盒的配合间隙见表4-1。

表 4-1　电刷和刷盒的配合间隙

类　别	宽度方向间隙/mm		长度方向间隙/mm	
	最小	最大	最小	最大
电刷横截面积 8mm×8mm 以下	0.02	0.17	0.05 0.15	0.25
一般电动机	0.05	0.30	0.15	0.45
可逆电动机	0.05	0.20	0.10	0.40
分块电刷	0.10	0.25	0.10	0.40

更换磨损的电刷时，要按制造厂出厂的电刷型号进行更换，如果不知道电刷型号和电刷技术性能可向制造厂咨询，不可盲目选用。一般而言，牵引直流电动机、电车电动机、龙门刨电动机等，是使用接触电压降较大的硬质电化石墨电刷，如 D308、D309、D373 等型号。直流电动机用电刷基本特征和应用范围见表 4-2。

表 4-2　直流电动机用电刷基本特征和应用范围

类　别	型　号	基本特征	主要应用范围
石墨电刷	S—3	硬度较低，润滑性较好	换向正常、负荷均匀，电压为 80～120V 的直流电动机
	S—4	以天然石墨为基体、树脂为黏结剂的高阻石墨电刷，硬度和摩擦系数较低	换向困难的电动机，如交流换向器电动机、高速微型直流电动机
	S—6	多孔、软质石墨电刷，硬度低	汽轮发电机的集电环，80～230V 的直流电动机
电化石墨电刷	D104	硬度低，润滑性好，换向性能好	一般用于 0.4～200kW 直流电动机，充电用直流发电机，轧钢用直流发电机，汽轮发电机，绕线转子异步电动机集电环，电焊直流发电机等
	D172	润滑性好，换向性能好，摩擦系数低	大型汽轮发电机的集电环、励磁机，水轮发电机的集电环，换向正常的直流电动机
	D202	硬度和机械强度较高，润滑性好，耐冲击振动	电力机车用牵引电动机，电压为 120～400V 的直流发电机
	D207	硬度和机械强度较高，润滑性好，换向性能好	大型轧钢直流电动机，矿用直流电动机
	D213	硬度和机械强度较 D214 高	汽车、拖拉机的发电机，具有机械振动的牵引电动机

（续）

类　别	型　号	基本特征	主要应用范围
电化石墨电刷	D214 D215	硬度和机械强度较高，润滑、换向性能好	汽轮发电机的励磁机，换向困难、电压在200V以上带有冲击性负荷的直流电动机，如牵引电动机、轧钢发电机
	D252	硬度中等，换向性能好	换向困难，电压为120～440V的直流电动机、牵引电动机、汽轮发电机的励磁机
	D308 D309	质地硬，电阻率较高，换向性能好	换向困难的直流牵引电动机，角速度较高的小型直流电动机，以及电动机扩大机
	D373		电力机车用直流牵引电动机
	D374	多孔，电阻率高，换向性能好	换向困难的高速直流电动机，牵引电动机，汽轮发电机的励磁机，轧钢电动机
	D479		换向困难的直流电动机
金属石墨电刷	J101 J102 J164	高含铜量，电阻率小，允许电流密度大	欠电压、大电流直流电动机，如：电解、电镀、充电用直流发电机，绕线转子异步电动机的集电环
	J104 J104A		欠电压、大电流直流发电机，汽车、拖拉机用发电机
	J201	中含铜量，电阻率较大，含铜量较高，允许电流密度较大	电压在60V以下的欠电压、大电流直流发电机，如：汽车发电机，直流电焊机，绕线转子异步电动机的集电环
	J204		电压在40V以下的欠电压、大电流直流电动机，汽车辅助发电机，绕线转子异步电动机的集电环
	J205		电压在60V以下的直流发电机，汽车、拖拉机用直流起动电动机，绕线转子异步电动机的集电环
	J206		电压为25～80V的小型直流电动机
	J203	低含铜量，与高、中含铜量电刷相比，电阻率较大，允许电流密度小	电压在80V以下的大电流充电发电机，小型牵引电动机，绕线转子异步电动机的集电环

十五、维修变压器时多点接地，导致变压器铁心出现过热

1. 事故经过

某工厂变压器被烧毁后，经维修试验合格后，安排本厂电工齐某重新装配变

压器，该电工自认为变压器烧毁是由于接地不合格造成的，他便自作聪明，把安装好后的变压器进行了多点接地。结果该变压器为该厂供电后，很快出现了铁心过热现象。

2. 事故原因

该变压器铁心过热的直接原因就是铁心多点接地造成的。

3. 经验教训

我们知道，当铁心有多点接地时（如有两点或两点以上接地），则接地点之间会形成闭合回路，当有磁通穿过此闭合回路时，就会在此回路中感应电动势并产生环流。对变压器造成如下伤害：

1）由于闭合回路中产生涡流，使铁损耗增大，铁心局部过热。

2）较长时间的过热，会使变压器油劣化，产生可燃气体而使气体继电器动作。

3）由于变压器内部过热（铁心和绝缘油过热）又引起绕组绝缘层逐渐老化、绝缘垫块和绝缘夹件老化或炭化。

4）多点环流全流过接地片，使接地片烧毁，造成变压器无正常的一点接地。

5）多点接地又会引起放电现象。

所以，变压器铁心严禁多点接地。

十六、露天安装接触器，致使接触器触头被烧毁

1. 事故经过

某石料加工厂的电工刑某自制了一个配电盘，由于条件限制没有护罩直接安装在露天的电线杆上，后来刑某发现该配电盘上的其他电器都能正常使用，就是接触器总是出现触头烧毁的故障，无论更换哪个厂家的接触器产品，效果都不明显。

2. 事故原因

由于该石料加工厂灰尘较多，该配电盘又是露天安装，许多尘垢积落在接触器的铁心和线圈表面，使铁心闭合不严或因粘连油垢而不能正常释放。线圈因落上灰尘和油泥使线圈散热困难，绝缘水平也会严重下降，这是接触器出现故障的直接原因。所以交流接触器是不能露天安装的。

后来刑某为该接触器做了防尘防污处理，效果好了很多。

3. 经验教训

自制配电盘一定要符合国家的有关规定，在多尘、潮湿、腐蚀、高温等恶劣环境中，一定要做好相应的保护措施。

十七、刚刚维修后的电动机出现过热现象

1. 事故经过

电工郭某维修了一台三相异步电动机，维修后通电试机，运转正常，由于工厂急着用，郭某便直接将电动机装在设备上，运转1h后，电动机外壳出现了严重的过热现象，并能嗅到绝缘层烧焦的气味，于是立即关掉了电源。

2. 事故原因

因为是电动机运转1h后才出现过热现象的，所以不可能是铁心、轴承等故障。于是郭某认为可能是电源电压过高或过低，但经检测电压为378V，很正常，后来又测量绕组绝缘电阻，均在50MΩ以上，绝缘性能良好，故不可能是绕组接地。

询问当时的工人，工人们表示由于是刚刚维修的电动机，他们并没有过载使用，但郭某测量三相电流却有点不平衡，再次检测，发现该电动机居然存在匝间短路故障，后来维修了该线圈后，一切正常。

那么刚刚维修过的电动机怎么会出现匝间短路故障呢？经过细心检查，发现是由于郭某使用不合格的电磁线造成的，再加上绕制线圈时，为了加快维修进度，又碰落了电磁线上的一些漆皮，从而加快了该故障的形成。

这起事故多亏发现及时，否则该电动机可能会再次被烧毁。

3. 经验教训

电动机的维修工作一定要细心进行，不能马虎大意，引起维修后的电动机出现短路故障的原因有以下几点，在实际工作中一定要避免。

1）电磁线质量不合格。

2）紧线器夹紧力过大，或有机械损伤，使漆皮磨破。

3）线细，绕制时拉力过大，导线变形将漆皮拉出裂纹。

4）嵌线时用金属材料作理线板（也叫画线板），将导线的绝缘层划破。

5）嵌线时由于槽满率较高，用锤子硬砸线圈，尤其是嵌入槽内的线匝排列不整齐，有交叉现象时，很容易将导线绝缘层破坏。

6）槽内层间垫条尺寸小，宽度偏小，或尺寸合适但垫偏，使上、下层线圈之间产生短路。

7）线圈端部垫的相间三角垫尺寸不符合或垫偏，造成线圈端部层间、匝间短路。

8）由于浸漆不良，线圈制作不规则，个别线匝悬空，不互相靠紧，绝缘层未能粘接成整体，当电动机发生电磁振动时，因摩擦而将绝缘层磨破。

9）线圈端部整形时，用不适当的工具将线圈匝间压破。

10）焊接极相组过桥线时，焊锡滴落在绝缘层上或线匝上，从而引起匝间短路。

11）槽满率过低，浸渍不良，潮气和粉尘进入线匝的空隙内腐蚀导线绝缘层，造成匝间短路。

12）线圈过长，端部与端盖抵触，运行不久便会产生对地短路。

13）电动机处于过电压、过载，频繁起动和制动情况下，造成线圈匝间过热而发生热击穿。

14）绕组严重受潮，未经彻底干燥就投入运行，造成匝间短路故障。

十八、熔丝安装不合格，接触不良险酿火灾

1. 事故经过

某工厂一低压刀开关的熔丝熔断，电工金某便找了根更大容量的熔丝装了上去，也没再检查便直接送电。由于该厂最近加班，到了晚上快下班时，突然有火花从该刀开关上溅起，引燃了一旁的纸屑，多亏工人及时扑灭，没有发生更严重的火灾事故。

2. 事故原因

1）电工金某安装熔丝不合格是造成这起事故的直接原因，他将熔丝的端头绕反了，造成接触不良，熔丝容量又过大，不能及时熔断，便有火花溅出，引燃了纸屑。

2）该工厂一味追求产量，不讲究用电的安全，将该刀开关放在地上来回拖拉着使用，埋下了这起火灾事故的隐患，这是根本原因。

3. 经验教训

1）用电接线一定要按照电气安全的要求进行，不能私拉乱接，以免埋下事故隐患。

2）作为电工应不断精进自己的技术，做事不能马虎大意。熔丝的正确安装方法如下：

① 熔丝端头禁止绕反或重叠。如果绕反或重叠，将使熔丝与熔断器端子接触不良或接头发热，使熔丝非正常熔断。

熔丝端头绕向如图 4-1 所示。

② 熔丝安装时禁止拉得太紧，使其横截面积减小；或拉的太松，使熔丝发热量增加，均会使熔丝非正常熔断。

熔丝拉紧情况如图 4-2 所示。

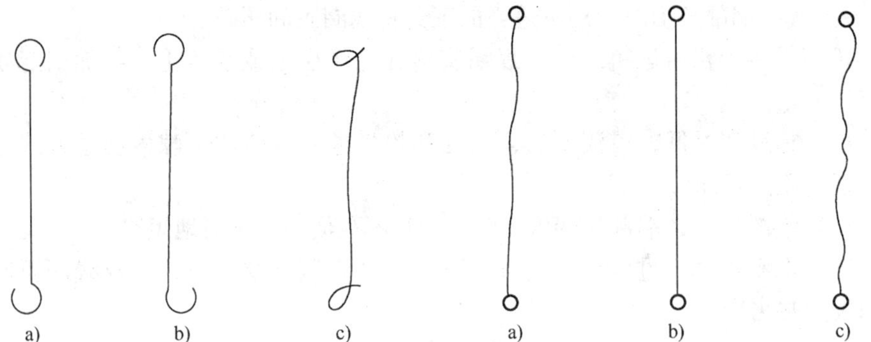

图 4-1　熔丝端头绕向
a）正确绕向　b）错误绕向　c）错误绕向

图 4-2　熔丝拉紧情况
a）正常　b）太紧　c）太松

③ 需用多根熔丝时，禁止将其绞扭成一股使用，这样做会降低熔丝的总容量，也会造成非正常熔断，如图 4-3 所示。

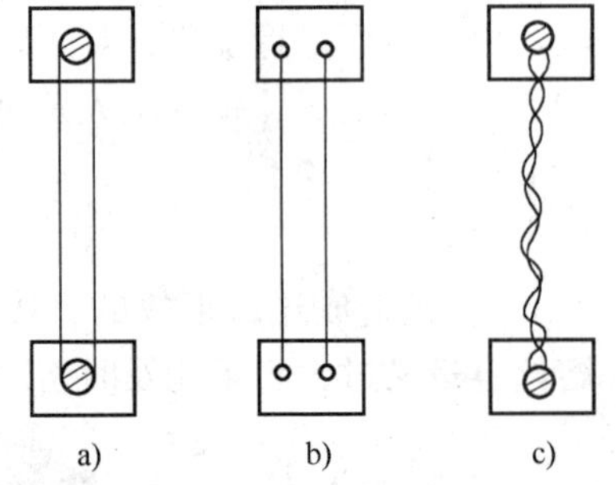

图 4-3　多根熔丝的安装
a）正确安装　b）正确安装　c）错误安装

④ 固定熔丝的螺钉必须加平垫片或弹簧垫片，否则也会造成熔丝非正常熔断。

⑤ 装有硅砂的熔断器更换熔丝时，其中硅砂也应一起更换，新硅砂必须干燥，纯度不应低于 95%。

附　录

附录 A　安全标识牌的图样及使用

序　号	名称及图样	设置范围和使用地点
1	禁止吸烟 	丙类火灾危险场所悬挂，如：油漆车间、沥青车间、纺织厂、印染厂等
2	禁止烟火 	乙类火灾危险场所悬挂，如：面粉厂、煤粉厂、焦化厂、施工工地等
3	禁止带火种 	甲类火灾危险场所悬挂，如：炼油厂、乙炔站、液化石油气站、煤矿井内、林区、草原等
4	禁止用水灭火 	生产、储运、使用中有不准用水灭火的物质的场所悬挂，如：变压器室、乙炔站、化工药品库等
5	禁止启动 	暂停使用的电气设备附近，如：设备检修、更换零件等

（续）

序　　号	名称及图样	设置范围和使用地点
6	禁止合闸 	电气设备或线路检修时悬挂在相应开关附近
7	禁止转动 	检修或专人定时操作的设备附近
8	禁止触摸 	禁止触摸的电气设备或物体附近，如：裸露的带电体、炽热物体等
9	禁止跨越 	不宜跨越的危险地段，如：专用的电缆沟道、运输通道和其他流水作业线等
10	禁止攀登 	不允许攀登的危险地点，如：变压器室，带电的设备、电力杆塔等
11	禁止入内 	易造成事故或对人员有伤害的场所，如：高压配电器室

（续）

序 号	名称及图样	设置范围和使用地点
12	禁止通行 	有危险的场所，如：禁止通过的过道、施工地点临近带电设备的遮拦上、高压试验地点等
13	禁止靠近 	被允许靠近的危险区域，如：高压试验区、高压线、输配电设备的附近
14	禁止乘人 	乘人宜造成伤害的设施，如：室外运输吊篮、外操作载货电梯框架等
15	禁止堆放 	不能堆放物品或通道
16	禁止抛物 	抛物易伤人的地方，如：在杆塔等高空处作业时
17	禁止饮用 	不宜饮用水的开关处，如：循环水、工业用水、污染水等

（续）

序　号	名称及图样	设置范围和使用地点
18	注意安全	易造成人员伤害的场所及设备等
19	当心火灾	易发生火灾的危险场所，如：可燃性物质的生产、储运、使用等地点
20	当心爆炸	易发生爆炸的危险场所，如：易燃易爆物质的生产、储运、使用或受压容器等
21	当心触电	有可能发生触电危险的电气设备和线路，如：配电室、开关等
22	当心电缆	在暴露的电缆或地面下有电缆处施工的地点
23	当心伤手	易造成手部伤害的作业地点，如：机械加工车间、玻璃制品等

（续）

序　号	名称及图样	设置范围和使用地点
24	当心扎脚 	易造成脚部伤害的作业地点，如：铸造车间、施工工地等
25	当心吊物 	有吊装设备作业的场所，如：施工工地、港口、码头、仓库、车间等
26	当心跌落 	易发生跌落事故的作业地点，如：脚手架、高处平台、正在施工的电缆沟等
27	当心落物 	易发生落物危险的地点，如：在高处杆塔作业、立体交叉作业的下方等
28	当心坑洞 	具有坑洞易造成伤害的作业地点，如：预留的电缆坑等
29	当心弧光 	由于弧光造成眼部伤害的各种焊接作业场所

（续）

序　　号	名称及图样	设置范围和使用地点
30	当心滑跌 	地面有易造成伤害的滑跌地方，如：地面有油、冰、水等物质时
31	当心绊倒 	地面有障碍物，绊倒易造成伤害的地点
32	必须戴安全帽 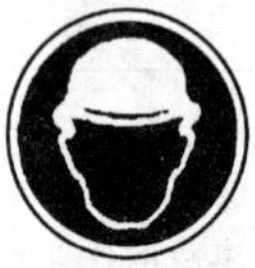	头部易受外力伤害的作业现场，如：架空电力线路施工现场
33	必须系安全带 	易发生跌落危险的作业现场，如：在杆塔上作业时
34	必须加锁 	高低压配电室的、危险物品存放地等
35	紧急出口  	便于安全疏散的紧急出口处；与前方箭头结合设在通向紧急出口的通道、楼梯口等

附录B　反习惯性违章考核细则

1. 总则

1）电力生产的各种规程、制度和上级的有关安全生产的各项规定，电力职工都应遵守，如在工作中违反均属违章，都将按本细则进行考核处罚。

2）各单位安全第一责任人负责对本细则组织实施，认真组织员工学习，层层宣讲，使每一位员工都熟悉此细则。

3）公司所有员工都有权制止违章行为，对违章行为实行举报制度，对制止违章行为而避免事故及障碍者，将给予奖励。

4）根据员工违章行为的严重程度，违章行为分为三类：严重违章、较严重违章和一般违章，分别为Ⅰ类、Ⅱ类和Ⅲ类违章。对于“生产现场违章行为的主要表现”中未列入的违章行为，由安全主管部门确定。

5）对各类违章行为，发现一起查处一起，并在安全简报上及时通报，对违章人及有违章记录的建立违章处罚档案。

2. 对习惯性违章行为的处罚

1）对有严重违章行为的违章者下岗1个月，下岗期间跟班学习，期满后经《安规》考试合格后方可上岗。

2）对有较严重违章行为的违章者第一次扣除其月绩效考核奖50%；年度内有第二次较严重违章行为的违章者将下岗1个月，下岗期间跟班学习，期满后经《安规》考试合格方可上岗。

3）对有一般违章行为的违章者，第一次扣除其月绩效考核奖的10%；年度内有第二次一般违章行为的违章者扣除其月绩效考核奖的25%；年度内有第三次一般违章行为的违章者将下岗1个月，下岗期间跟班学习，期满后经《安规》考试合格方可上岗。

4）对上级领导部门来我公司检查、视察时发现的违章行为，将给予违章者加倍处罚。

5）安全主管部门在检查违章行为时，除对违章人实施处罚外，还对在工作现场未及时制止违章人违章行为的各部门领导、专责、班长、组长一并处罚。

6）凡个人严重或较严重违章一次及以上者，一般违章两次及以上者取消年度评选先进资格；班、组、站成员有严重或较严重违章记录两次及以上、一般违章记录三次及以上的班、组、站，取消该班、组、站年度评选先进资格，同时取消其班、组、站长评选先进资格；各部门人员有严重或较严重违章记录四次及以上、一般违章记录六次及以上的单位，取消该部门年度评选先进集体的资格，同时取消该部门安全第一责任人评选先进的资格。

3. 生产现场违章行为的表现和分类

1）有下列违章行为之一的，为严重违章（Ⅰ类违章）。

① 无票作业（包括无票工作和操作，搭票工作，消票后不重新办理工作票继续作业，填写了倒闸操作票但未带操作票到现场等。规程规定可以不用办理工作票和操作票的情况除外）。

② 作业时制订了标准化作业指导书而未按标准化作业指导书执行的（现场无法执行的项目，并经领导批准的除外）。

③ 不按规定进行验电和接地，装设接地线或推接地刀开关前不验电或只在电源侧验电，非电源侧不验电。

④ 未使用相应电压等级的验电器验电，或使用非接触式方法进行验电（对《安规》第4.3.3条规定的除外）。

⑤ 过载使用起重设备或超速、超俯角、仰角情况下强行起吊，在带电设备附近进行起吊作业，安全距离不够且无监护。

⑥ 使用以小代大的承载工器具。

⑦ 运行值班人员值班期间严重脱岗。

⑧ 工作现场无监护人进行作业（包括工作监护人离开工作现场，未临时委派能胜任的工作监护人，使现场失去监护）。

⑨ 工作班成员还在工作或还未完全撤离工作现场，工作负责人就办理工作终结手续。

⑩ 运行人员允许未经本单位生产技术部门审查的非本企业人员，办理工作票手续。

⑪ 签发的工作票主要安全措施不全，工作负责人、许可人不提出意见而盲目执行者。

⑫ 现场工作负责人、工作许可人擅自更改主要安全措施，存在导致事故发生隐患者。

⑬ 工作完毕，未办理工作票终结手续就恢复设备运行，未按规定办理手续就进行试运行工作。

⑭ 调度员向无权接受调度命令的人员下达调度命令，调度员接受和执行无权下达调度命令人员下达的调度命令。

⑮ 调度命令错误或误传调度命令。

⑯ 约时停、送电。

⑰ 事故抢修不履行工作许可手续。

⑱ 未经许可，擅自扩大工作范围。

⑲ 变电站电气倒闸操作时，不按规定审批，擅自使用万能解锁钥匙操作。

⑳ 五种恶性事故（带负荷拉、合隔离开关，带电挂接地线，带地线合断路器，误入带电间隔，误登带电杆塔）和误调度未遂。

㉑ 未经批准，随意解除运行设备“五防”、报警、保护装置。

㉒ 执行操作票时跳项或漏项操作（操作票重要项目）。

㉓ 非当班的运行人员未经允许擅自操作运行设备者。

㉔ 倒闸操作或检修操作时无人监护，操作完一项未画“√”。

㉕ 在监控后台机或五防后台机上玩计算机游戏者。

㉖ 不掌握现场作业情况，停错馈线或误送检修设备。

㉗ 杆上工作用突然剪断导、地线方法收放线。杆上有人作业时，调整或松动拉线（或临时拉线）者。

㉘ 高空作业不系安全带、不戴安全帽。

㉙ 高空作业转位后，失去安全带保护。

㉚ 更换杆塔拉线时，不打临时拉线；紧线时跨在导线上或站在导线内角侧。

㉛ 立起的电杆，在永久拉线未全部装好的情况下拆除临时拉线。

㉜ 线路停电检修，未在工作地段两端按规定装设接地线。

㉝ 值班人员所做安全措施（包括接地线等）与工作票或现场实际严重不符，已经履行许可手续的则记双方违章。

㉞ 工作人员还在作业就拆除接地线。

㉟ 不具备带电作业资格人员进行带电作业。

㊱ 带电作业不按规定使用绝缘工具、屏蔽服。

㊲ 指挥存在重要缺陷或无电气防误功能设备送电，而没有采取相应安全、技术措施的。

㊳ 强令员工冒险作业。

㊴ 电气作业开工前，工作负责人未进行安全交底（向工作班成员交代工作现场情况和应注意的安全事项），不填写安全交底票（属标准化作业指导书的除外），作业人员在不明确带电部位的情况下，盲目开工。

㊵ 醉酒后驾驶或将车辆交给无驾驶证人员驾驶未造成交通事故的。

㊶ 其他违章行为被公司安委会认定为严重违章的。

2）有下列违章行为之一的，为较严重违章（Ⅱ类违章）。

① 伪造他人名字签发工作票，工作票签发人签发空白工作票或越权签票，倒闸操作票和标准化作业指导书未按规定审核签名，伪造他人签名。

② 非工作班成员参与现场工作者。

③ 领导及专责人员，班、组、站长在现场发现违章不制止者。

④ 0.4kV 停电线路上工作不按规定挂接地线者。

⑤ 挂拆接地线顺序错误和接地棒埋深不够者。

⑥ 输电线路停电清扫时，未使用后备保护绳者。

⑦ 凡列入年度和月度检修计划的大修、小修项目，未制订标准化作业指导书而进行作业。

⑧ 大型复杂、危险工作提前不看工作现场者。

⑨ 110kV 及以上设备大修未事先制订大修方案并履行审批手续。

⑩ 非电气作业人员或未经三级安全教育人员从事电气作业，无特种作业资格人员从事特种作业（如带电作业、电焊、起重等）。

⑪ 聘用或分包未经生产技术部资质审查合格的施工（承包）队伍。

⑫ 在禁止烟火的场所不经审批进行明火作业。

⑬ 用草稿票进行倒闸操作。

⑭ 调度员下达调度命令未下达双重编号或发令时不按规定录音。

⑮ 需要保留的接地线、安全措施等或未办理终结手续，工作票不作交班记录。

⑯ 在变电站的直流屏、所用电屏等布线密集的屏上工作时，不采取防止短路、接地、触电措施。

⑰ 发、承包方之间不签定施工安全合同书。

⑱ 起吊工作中被起吊设备未按规定绑扎。

⑲ 工作现场辅助安全设施不全或不完全符合安全规程要求的。

⑳ 使用不合格的（含未经试验、超过试验周期）的安全工器具及起重工器具。

㉑ 用高压验电器判断接地相别者。

㉒ 高压试验加压过程中，升压不呼唱。

㉓ 高压试验被试设备两端不在同一地点时，另一端未派人看守；带电容性的试验品试验后不彻底放电。

㉔ 检查人员、施工人员擅自操作运行设备者，将检修材料、工具及衣物等遗放在运行设备上。

㉕ 工作负责人在工作使用工作电源私拉乱接者。

㉖ 驾驶制动系统、转向系统、传动系统等重要安全部件存在缺陷车辆。

㉗ 乘车人员迫使司机开快车或对驾驶员违章行为不予制止。

㉘ 酒后作业、酒后驾驶。

㉙ 单人巡线时从事登杆作业，单人巡视设备时，从事其他工作。

㉚ 操作中发生疑问，不向调度或值班负责人报告，擅自变更操作。

㉛ 在施工工作中，未经批准人同意，擅自变更施工方案。

㉜ 起吊重物时在起吊物下逗留、行走或从事其他工作。

㉝ 各类检修、施工、巡视未按规定正确使用和管理标准作业卡，或在工作前未进行风险分析。

㉞ 其他违章行为经省公司或单位安监部门认定为较严重违章的。

3）有下列违章行为之一的，为一般违章（Ⅲ类违章）。

① 经地调许可的设备，未经地调许可擅自进行操作或工作。

② 经地调下令限负荷的设备，公司调度员擅自送电。

③ 需地调许可的操作，事先未向地调申请，操作结束后未及时汇报。

④ 在倒闸操作时，不模拟、不唱票、不复诵。

⑤ 拉合断路器操作，不到设备现场检查校对其实际位置。

⑥ 专职监护人兼任其他工作。

⑦ 值班人员装拆接地线不登记。

⑧ 交接班人员未按规定签名。

⑨ 用绝缘棒拉、合刀开关或经传动机构拉、合刀开关和开关，不戴绝缘手套。

⑩ 装、卸高压保险，不戴护目眼镜、绝缘手套，不站在绝缘垫（台）上。

⑪ 在带电的二次回路上工作，不按规定着装（如穿短袖衣、化纤类易燃物等），不使用绝缘工具。

⑫ 进入生产厂区，不按规定戴安全帽、生产人员不按规定着装。

⑬ 装、拆低压电源线时不先断开电源。

⑭ 用湿布擦拭带电的低压电器、灯泡及运行中的端子排。

⑮ 使用无防护罩、无过电压保护装置、无压力监视的空压机。

⑯ 攀登脆弱、干枯的树枝砍伐树木。

⑰ 戴手套在钻床上工作，用砂轮机的侧面打磨物件，使用无防护罩的砂轮机。

⑱ 工作隔日间断，工作票不返回工作许可人，次日不办理许可手续。执行工作票时未按规定办理间断、转移、终结手续。

⑲ 事故抢修或紧急故障处理超过规定时间未办理工作票手续。

⑳ 变更工作负责人时，工作票签发人、新工作负责人不在工作票上分别办理签字手续。

㉑ 计划检修延期，未按规定办理手续。

㉒ 运行值班人员不履行交接班手续和进行设备巡视。

㉓ 用缠绕的方法接地或短路。

㉔ 用铝丝、铜丝代替熔丝。

㉕ 投、退保护压板（含综自站的软压板）不进行检查。

㉖ 易燃、易爆、有毒物品不按规定管理。

㉗ 脚手架搭设等不符合安全规程要求。

㉘ 安全工器具在使用前未进行认真检查。

㉙ 不按规定配备、使用劳保用品。

㉚ 低压线路私拉乱接，值班人员和工作负责人对工作班使用的工作电源私拉乱接不制止。

㉛ 使用的工器具电源线绝缘层破损漏电的。

㉜ 拉、合通信接地刀开关，不使用绝缘工具。

㉝ 使用无绝缘罩的低压刀开关、拉线开关。

㉞ 短接电流端子不用短路片（线），随意缠绕短路。

㉟ 工作中使用单面梯子时，梯子与地面的夹度不合适（正常应为60°左右），并无人扶持或工作人员在上面移动梯子。

㊱ 用抛掷的方式传递工具或其他设备配件、材料。

㊲ 使用人字梯时，梯子不装保护绳。

㊳ 在变压器本体公司上工作时穿塑料平底鞋。

㊴ 生产区流动吸烟。

㊵ 电焊机无护罩，接地线、焊线、电源线不符合要求及作业中不戴护目眼镜。

㊶ 不按规定存放有剩余压力的气瓶。

㊷ 耐压试验时被试设备的耐压时间不用钟表计时，仅凭感觉估计。

㊸ 在未装漏电保护器的检修电源回路中，未加装携带式漏电保护箱。

㊹ 进行石坑、冻土打眼时，打锤人戴手套，扶钎人不戴安全帽或在锤运动轨迹正前方。

㊺ 调度员下达命令不互通姓名，值班员不复诵命令内容（双方违章）。

㊻ 检修、预试、定检等工作，现场不带上次记录。

㊼ 在运行盘上进行有振动的工作，不采取防振措施。

㊽ 全部工作结束，工作班不清理工作现场。

㊾ 在工作中改变二次回路接线后，不及时在图样上进行修改并签名。

㊿ 在运行的电压互感器二次回路上接临时负载时，没有通过带熔断器的刀开关控制。

51 在保护接地线接触不良的情况下进行试验。

52 检修作业不按规定悬挂标识牌者。

53 在居民区或交通道路附近开挖基坑、电缆沟道，未设置好围栏、坑口覆盖不可靠，夜间未挂红灯警示者。

㊹ 立、拆杆时，除必需的工作人员外，其他人员未远离 1.2 倍杆高的距离者。

㊺ 控制室烘晾衣物及做与工作无关的事情。

㊻ 亲属在主控制室陪护家人上班。

㊼ 车辆未携带灭火器或灭火器过期。

㊽ 其他违章行为被公司安委会认定为一般性违章的。

参 考 文 献

[1] 国家电力监管委员会安全监管局. 电力安全监督管理工作手册 [M]. 北京：中国电力出版社，2009.

[2] 国家电力公司农电工作部. DL/T 499—2001 农村低压电力技术规程 [S]. 北京：中国电力出版社，2002.

[3] 国家电力公司农电工作部. DL 477—2001 农村低压电气安全工作规程 [S]. 北京：中国电力出版社，2002.

[4] 国家电力公司农电工作部. DL 493—2001 农村安全用电规程 [S]. 北京：中国电力出版社，2002.

[5] 中华人民共和国建设部. GB 50169—2006 电气装置安装工程接地装置施工及验收规范 [S]. 北京：中国计划出版社，2006.

[6] 张延会. 变电站值班员 [M]. 北京：化学工业出版社，2007.

[7] 王广仁. 电工安全作业手册 [M]. 北京：中国电力出版社，2003.

[8] 白公. 电工安全技术 365 问 [M]. 北京：机械工业出版社，2005.

[9] 国家电力公司农电工作部，国家电力公司人力资源部. 农村电工岗位知识及技能培训题库 [M] 3 版. 郑州：中原农民出版社，2007.

[10] 刘介才. 工厂供电 [M] 4 版. 北京：机械工业出版社，2010.

[11] 徐第，等. 安装电工基本技术 [M]. 北京：金盾出版社，2009.

[12] 陆荣华. 电气安全禁忌 [M]. 北京：中国电力出版社，2007.

[13] 白公. 维修电工技能手册 [M]. 北京：机械工业出版社，2007.

[14] 张盖楚，陈振明. 电工基本操作技能 [M]. 北京：金盾出版社，2005.

[15] 陈晓平. 电气安全 [M]. 北京：机械工业出版社，2004.

读者信息反馈表

感谢您购买《维修电工反习惯性违章》一书。为了更好地为您服务，有针对性地为您提供图书信息，方便您选购合适图书，我们希望了解您的需求和对我们教材的意见和建议，愿这小小的表格为我们架起一座沟通的桥梁。

<table>
<tr><td>姓　　名</td><td colspan="2"></td><td colspan="2">所在单位名称</td><td colspan="2"></td></tr>
<tr><td>性　　别</td><td colspan="2"></td><td colspan="2">所从事工作（或专业）</td><td colspan="2"></td></tr>
<tr><td>通信地址</td><td colspan="4"></td><td>邮　　编</td><td></td></tr>
<tr><td>办公电话</td><td colspan="3"></td><td>移动电话</td><td colspan="2"></td></tr>
<tr><td>E-mail</td><td colspan="6"></td></tr>
<tr><td colspan="7">1. 您选择图书时主要考虑的因素：（在相应项前面画✓）
（　）出版社　（　）内容　（　）价格　（　）封面设计　（　）其他
2. 您选择我们图书的途径（在相应项前面画✓）
（　）书目　（　）书店　（　）网站　（　）朋友推介　（　）其他</td></tr>
<tr><td colspan="7">希望我们与您经常保持联系的方式：
□电子邮件信息　□定期邮寄书目
□通过编辑联络　□定期电话咨询</td></tr>
<tr><td colspan="7">您关注（或需要）哪些类图书和教材：</td></tr>
<tr><td colspan="7">您对我社图书出版有哪些意见和建议（可从内容、质量、设计、需求等方面谈）：</td></tr>
<tr><td colspan="7">您今后是否准备出版相应的教材、图书或专著（请写出出版的专业方向、准备出版的时间、出版社的选择等）：</td></tr>
</table>

非常感谢您能抽出宝贵的时间完成这张调查表的填写并回寄给我们，您的意见和建议一经采纳，我们将有礼品回赠。我们愿以真诚的服务回报您对机械工业出版社技能教育分社的关心和支持。

请联系我们——

地　　址　北京市西城区百万庄大街 22 号　机械工业出版社技能教育分社

邮　　编　100037

社长电话　（010）88379083　88379080　68329397（带传真）

E-mail　jnfs@mail.machineinfo.gov.cn